北京城中轴线上的名建筑

杨振华——著

天津大学出版社

图书在版编目(CIP)数据

北京城中轴线上的名建筑 / 杨振华著. -- 天津 : 天津大学出版社, 2024.1

ISBN 978-7-5618-7463-9

Ⅰ. ①北… Ⅱ. ①杨… Ⅲ. ①古建筑－介绍－北京 Ⅳ. ①TU-87

中国国家版本馆CIP数据核字(2023)第074018号

BEIJING CHENG ZHONGZHOUXIAN SHANG DE MING JIANZHU

出版发行 天津大学出版社
地　　址 天津市卫津路92号天津大学内（邮编:300072）
电　　话 发行部:022-27403647
网　　址 www.tjupress.com.cn
印　　刷 廊坊市瑞德印刷有限公司
经　　销 全国各地新华书店
开　　本 710mm×1010mm　1/16
印　　张 14.5　16页彩插
字　　数 239千
版　　次 2024年1月第1版
印　　次 2024年1月第1次
定　　价 48.00元

中国文物学会20世纪建筑遗产委员会推荐

京都匠心　城市脊梁

谨以此书　解读京城

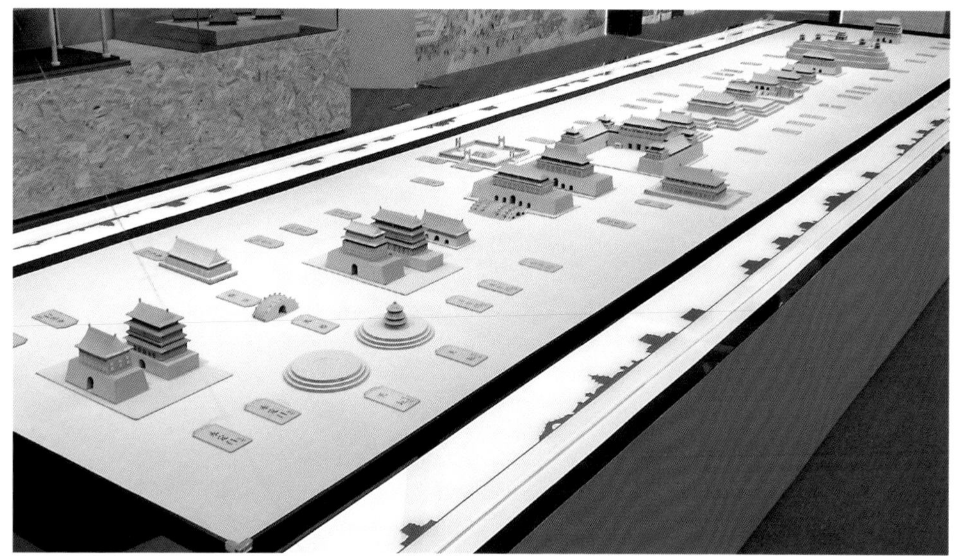

传统中轴线组合关系

从天坛祈年殿通过“视廊”远看正阳门城楼

从北海远眺钟鼓楼（民国初年摄）

紫禁城九龙壁

永定门瓮城（20 世纪 20 年代摄）

永定门城楼正面测绘图（1924 年喜仁龙制）

永定门箭楼正面测绘图（1924 年喜仁龙制）

民国时期的永定门

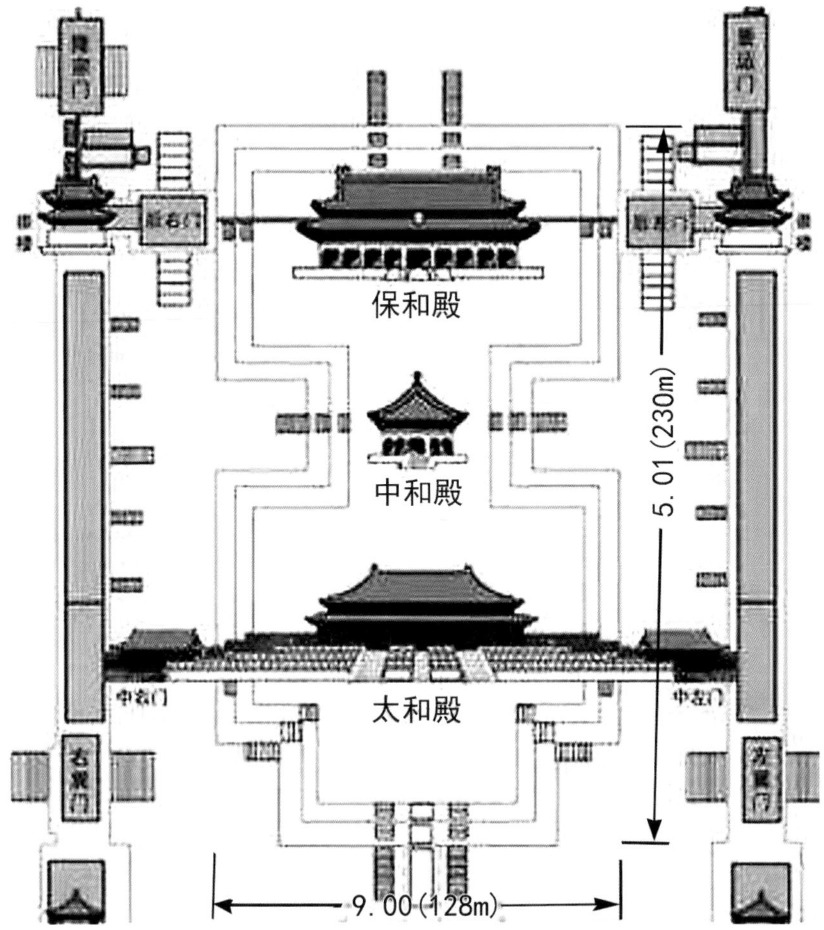

故宫三大殿“土”字平台的“9：5”比例关系

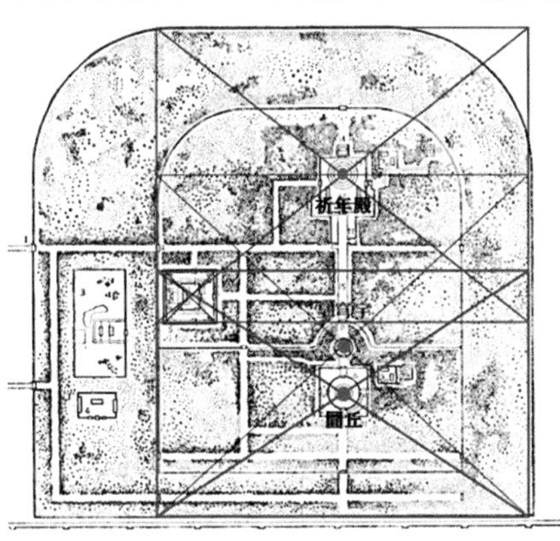

天坛圜丘、祈年殿位置分析图

俯瞰天坛内坛

新建的天桥南御路（桥原址南移 40 多米）

《乾隆南巡图》中的正阳门

天安门前东侧的雄石狮

菖蒲水映天安门

太庙大殿（前殿）

太和殿（金銮殿）

万宁桥——最古老“天桥”

皇史宬正殿

从团城上看北海堆云积翠桥

团城承光殿

复建的永定门位置并非原址

与中轴线融汇一体的北京坊

巴黎香榭丽舍大街

梵蒂冈圣彼德广场中轴线

澳大利亚首都堪培拉的城市主轴线

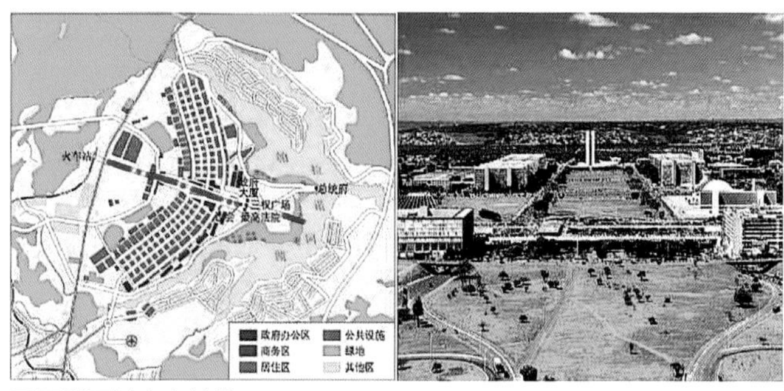

巴西利亚城市主轴线

序言

城市中轴线是一座城市的中枢与“脊梁”，而建筑则相应地为其“脏器”，也是城市中轴线上的形象性标志物。从本书中，我们可以领略北京与传统中轴线相关主要建筑（群）的风光。

北京传统中轴线南起永定门，北至钟楼，全长达 7.8 千米，是全世界最长且宏伟的城市中轴线。它由笔直开阔的大道、轴线对称的端庄建筑群、制高点景山及自然且布局严谨的水系组成，这条中轴线的构成元素之丰富在世界上也是独一无二的。

常言道，建筑是城市的“物质灵魂”，我们从古建筑中更可以读出城市灿烂的历史文化。本书以古建筑作为中轴线的主体，并适当融入中轴线相关的现代建筑群，故书名取为《北京城中轴线上的名建筑》。

全书以“绪论”开始，共阐述了 31 个相关的建筑群体项目，最后有 5 篇附录，介绍了古建筑的相关专业术语、国外几个首都城市中轴线实例及宫城（紫禁城）导览。

由于建筑与其环境有着十分密切的关系，本书采用图文并茂的方式编撰，在 20 多万字的字里行间，插入了 200 多幅图片，以提升本书的可读性和趣味性。

杨振华先生是我在北京市原城市规划管理局工作时的师长，在规划设计中给予了我很多指导。他曾经在北京市原城市规划管理局、北京市城市规划设计研究院和北京大衍致用旅游规划设计院等单位工作，已在城市规划、建筑设计及旅游规划领域辛勤探索近六十载，本书仅是笔者多年工作的一些心得体会，想必读者阅后定会有所收获。

中国文物学会会长、故宫博物院学术委员会主任

2023 年 11 月

目录

一、绪论

城市是一部“无字史书”，是文化发展史的年鉴，建筑则是城市的文化载体。每一处古建筑都如同一部厚重的史书，在用无声的语言向人们述说着悠远的历史，它们既是中华文化的印记，亦是历史的图腾。我们从一座城市的建设规划沿革轨迹中，可以纵观其特定的地域文化演化史，并从中预测其未来。因此，城市的兴衰与它所依附的历史、民族、政治及地理的文化有着密不可分的内在联系。城市与文化从来就是互动的统一体。

早在秦代，《吕氏春秋·慎势》便有言“古之王者，择天下之中而立国，择国之中而立宫”，意思为皇帝营国必须要突出都城的中轴线，以利治国安邦平天下。我国几千年来亦以“中”为民族文化的精髓。中轴线建筑是城市极其重要的文化基因，广泛地存在于建筑、街巷、园林、市肆、宗教、医学、民情、文学、戏曲等历史文化要素之中，所有这些文化基因造就了城市的特色与“性格”。

利用轴线进行城市规划设计是一种古老和基本的方法，世界各国都是如此，轴线形态可直、可折、可弯曲。中国城市的轴线都是直的。城市轴线最主要的作用是排序、组织，使功能的秩序、形式的秩序、空间的秩序及结构的秩序在设计中有序地融合在一起，并对城市空间的精神性等进行一定程度的强化。当今，无论是建筑（群）还是空间艺术，现在的形态与古时相比已大相径庭，但建筑遵循轴线设计的方式至今仍然在建设实践中发挥着十分重要的作用。

北京城中轴线全长 7.8 千米，若加上南端的燕墩和北端的宏恩观，全长达 8.3 千米。它是我国现存最长、保存最完整的传统都城中轴线，汇集了整座城市的建筑精髓，浓缩了都城古今时空的人文风貌。建筑大师梁思成先生对北京传统中轴线曾有一句经典的概括：“北京独有的壮美秩序就由这条中轴的建立而产生。”北京城的中轴线是我国古代城市规划设计的杰作，也是世界古代城市规划建设史上现存里程最长、时间最古老、建筑最雄伟、建筑物数量和种类最多的城市中轴线。

城市中轴线是一座城市的中枢与“脊梁”，而建筑则为其“脏器”，也是城市中轴线的形象性标志物。北京中轴线凝聚着城市的历史文化积淀，其建筑（群）则凝聚成一部形象的京城历史教科书。严整的南北中轴线、宏大的宫殿群、清晰的城廓线、起伏的城市天际线……登高眺望，目力所及之处，优美且富有观赏价值的城市视觉景观成为北京的一张名片。

北京旧城的中轴线拥有最精美的建筑，从南向北依次为永定门、大明门（清代时称大清门，民国时称中华门，后被拆除）、正阳门、天安门、端门、午门、太和门、太和殿、中和殿、保和殿、乾清门、乾清宫、交泰殿、坤宁宫、神武门、北上门（后被拆除）、景山门、万春亭、寿皇殿、地安门、万宁桥、鼓楼、钟楼，串联起外城、内城、皇城和紫禁城，沿线坐落着先农坛、天坛、故宫、太庙、社稷坛、北海、中南海、景山等历史名胜古迹，以及中华人民共和国成立后建设的天安门广场、人民英雄纪念碑、毛主席纪念堂等近现代重要建筑。北京中轴线上的建筑始建于元朝，至明清时期形成了现有的主要格局，体现出北京城壮美的空间秩序及举世闻名的城市风格。在旧城中轴线上，重要的历史文化遗产遗迹共有 14 处，其中包括世界文化遗产 2 处、全国重点文物保护单位 11 处（含世界文化遗产 2 处，表 1–1 中简称国保）、市级文物保护单位 4 处（表 1–1 中简称市保）、未被列入文物保护单位的 1 处，详见表 1–1。

表 1–1　中轴线上历史文化遗产点一览表（由南向北）

序号	遗产名称	建造年代	保护级别
1	燕墩	元代	市保
2	永定门	现复建（仿明代）	—
3	先农坛	明代	国保
4	天坛	明代	国保，世界文化遗产
5	正阳门及箭楼	明代	国保
6	毛主席纪念堂	新中国时期	市保
7	人民英雄纪念碑	新中国时期	国保
8	太庙	明代	国保
9	社稷坛	明代	国保
10	天安门	现重建（明代）	国保
11	故宫	明代	国保，世界文化遗产

续表

序号	遗产名称	建造年代	保护级别
12	景山	明代	国保
13	万宁桥（后门桥）	元代	市保
14	鼓楼	明代	国保
15	钟楼	明代	国保
16	宏恩观	元代	市保

北京城的历史建筑彰显了以下四大特征。

1. 北京城池的变迁形成了由西南向东北的沿革轨迹

远从唐代蓟城之后，辽代南京、金代中都、元代大都及明清北京在北京这片土地上一度兴盛辉煌的都城，都无一例外地融汇了中原文化及草原文化。明清北京城就是几千年来中原农耕文明与北方草原文明碰撞、融合的结果，因此形成了独特的环境，留下了丰富深厚的建筑文化积淀。北京城池在历史上的演进轨迹（图 1-1）大致由西南至东北展开，因此历史上遗存的古迹大多位于现今明清北京城中轴线的西侧。

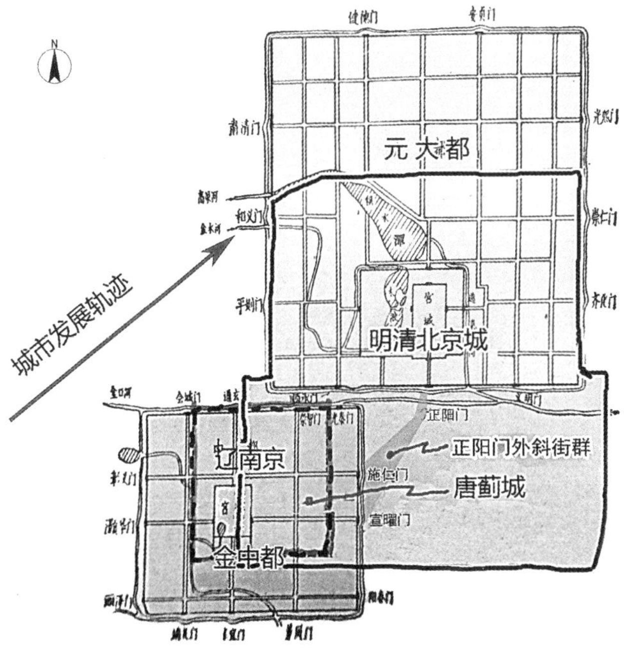

图 1-1　北京城池演进轨迹示意

2. 元大都与明清北京城的结构特性明显

《论语·为政》中说："为政以德，譬如北辰，居其所而众星拱之。"古人认为，在斗转星移的时空流转中，唯独北极星岿然不动，故它有超自然的神力，将其作为至高无上的宇宙主宰——帝星，认为天界是一个以北极帝星为中心，以"三垣、四象、五宫、二十八宿"为主干构成的庞大体系。皇帝作为天子，其京邑必须效法上天，筑宫城于地之中心——"土中"，形成四方对中央的拱极之势。早期的"居中观"便来源于先人对北极星的崇拜。

北京旧城是在元大都基础上，经明、清两代改建、发展形成的。它的建设到处体现出"皇权至上"的思想，城市格局严谨，层次分明。尤其需要指出的是，中轴线定位与建筑群体有着极为密切的因果关系，因此，中轴线就成为古时"营国思想"的具体展现，也是北京城演变的轴心。刘秉忠[①]在规划建设元大都的时候，以万宁桥（今后门桥）为基点确定南北中轴线，在桥的正北方确定了全城平面布局中心的位置，即大都城的"中心之台"。明代更强调"皇权至上"，对中轴线也进行了相应调整，以紫禁城太和殿皇帝的龙椅为中点，把北京城北缩南延，使明清北京城的中轴线南起永定门、北止钟楼，直至如今。

元大都曾是世界上规模最大的都城，其平面是一个非常规则的长方形。元大都是在忽必烈亲自掌控和指挥下，由刘秉忠具体负责规划、设计与建造的。大都城从元至元四年（1267 年）旧历正月开始兴建，到元至元三十一年（1294 年）基本完工，历时近 30 年。主要工程分为宫殿、城池、河道三大项，初期主要进行宫殿建筑的兴建。1274—1276 年，皇城和宫城基本建成，1283 年大都城池建成，1285 年所有建筑工程整体竣工。《析津志》载："其内外城制与宫室、公府，并系圣裁，与刘秉忠率按地理经纬，以王气为主。"《周礼·考工记》记载："匠人建国，水地以县，置槷以县，视以景。为规，识日中之景，与日入之景，昼参诸日中之景，夜考之极星，以正朝夕。"可见，当时人们已经会用天文知识来确定方向。天文学家刘秉忠主持修建元大都时，准确地测量了子午线，都城的中轴线正是以永恒不动的北极星

---

①刘秉忠（1216—1274 年），邢州（今河北邢台市）人。他精通天文地理、律历术数，深得忽必烈器重，参与制定各项政策和制度，主持修建元上都和大都。

为定位准星，从而也确定了整座都城的方位，因此元大都城的中轴线就是子午线的方位，当时它与罗盘所指的磁北有一个 2°10′ 的北偏西夹角，当代专业人员测绘的北京城方位与图框的方向也有这个夹角（图 1–2）（以测绘的图框作为磁北方向）。北京城的方位则为北偏西、南偏东倾斜（注：由于磁北逐年变化，此角现已变化为 5°50′ ）。

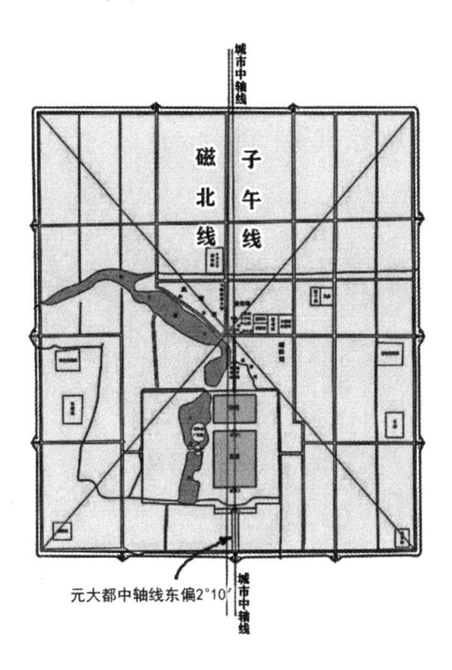

图 1–2　元大都中轴线东偏微旋示意图

另外，元大都中轴线再往北延伸 270 多千米，它的延长线正好直抵元世祖忽必烈的发祥地开平，即元上都的所在地。这说明当初建元大都时，中轴线以开平（上都）与大都的连线作为基准线，而该基准线几乎与正南北的子午线相重合。（注：元上都遗址位于内蒙古锡林郭勒盟正蓝旗政府所在地，敦达浩特东北约 20 千米处。）

元大都街道分为 50 坊，“如同一棋盘”。街道几乎都是东西南北向笔直的（以东西向为主），相对的城门之间都有干道相通。中轴线上亦有一条主干道，是宽 28 米的御道，其余干道宽 25 米。

元大都的中心台定位如《析津志》（熊梦祥所著）所载：“中心台在中心阁西十五步，其台方幅一亩①，以墙缭绕。正南有石碑，刻曰‘中心之台’，实都中东、南、西、北方之中也。”为了使皇城处于整座都城的中心靠南的位置，元大都城规划设计人刘秉忠等在新都城的中央设置了中心的坐标。中心台便是元大都城的城垣、建筑布置的定位依据，因而元大都的建筑的实施位置极为精准。

①1 亩≈ 667 平方米。

元大都四面共辟有11座城门（图1-3），其中，南城墙设丽正、文明、顺承3座门；东城墙设崇仁、齐化、光熙3座门；西城墙设和义、平则、肃清3座门；北城墙仅设安贞、健德2座门。其城门布局不是完全对称的，与传统古都如唐长安城、金中都等每个面要开3个门的传统规矩不一样，也与《周礼·考工记》的“旁三门”要求不相符。至于元大都的北城墙只设两个门的缘由，历史地理学家侯仁之在其主编的《北京城市历史地理》中写道可能是受阴阳术数学说的影响：“大都只建十一门，不开正北之门。这可能是因为刘秉忠奉邵雍之说。”

宫城则按“左祖右社，面朝后市”的思想布局，东面齐化门内路北设太庙（左祖），西面平则门内路北设社稷坛（右社），前面出崇天门，经灵星门可达千步廊（面朝），后面在钟楼、鼓楼一带设市（后市）。这样，就更突出了由丽正门到中心台的城市中轴线。全城沿城市中轴线左右展开，街巷经纬分明，建筑高低有序，全面体现了我国古代都城建设的设计思想，更体现了古代的都城建设理论。

1957年，元大都土城遗址被公布为北京市文物保护单位，2006年被公布为全国重点文物保护单位，目前作为“元大都土城遗址公园”对外开放。

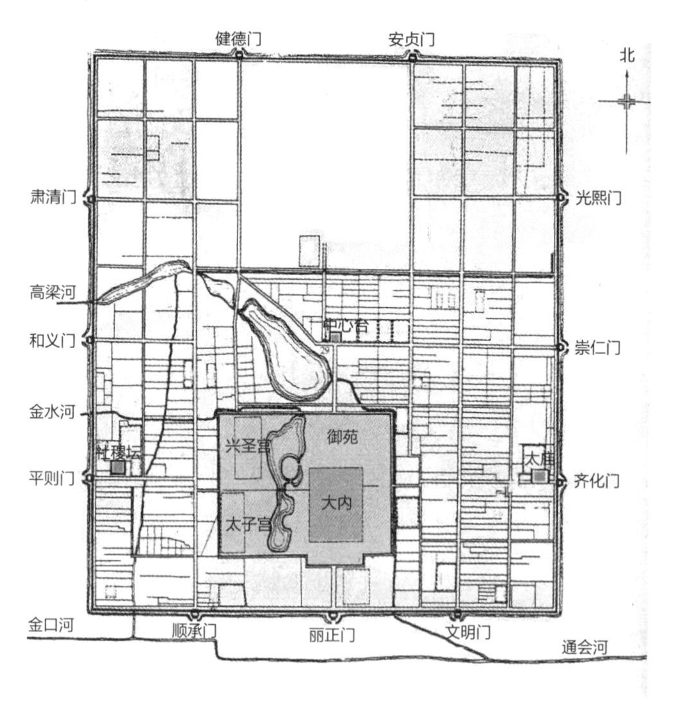

图1-3 元大都平面复原想象图

1368 年，明王朝开始统治全国，定都南京，改大都为北平府。明朝在元大都的基础上，将北部荒芜地区的城墙向南缩进了 2.5 千米，健德、安贞、肃清、光熙 4 座门被废除，丽正门向南移了 1 千米，以强化前朝的气度。在筑外城时，中轴线延长至永定门，钟楼、鼓楼被移至中轴线北端，突出了轴线的两个端点，从而使中轴更为明显。另外通过加修景山，太庙、社稷坛被迁至承天门两侧，使中轴内容更为充实、紧凑。改建的北城墙在对着健德、安贞两门的位置分别开辟德胜、安定两门，东城墙的崇仁门改名为东直门、齐化门改名为朝阳门；西城墙的和义门改名为西直门、平则门改名为阜成门。此后，内城四周又陆续兴建了天、地、日、月和先农五坛，进一步烘托出中轴线的核心作用（图 1–4）。

正如我国古建筑大师梁思成所说：“北京独有的壮美秩序就由这条中轴的建立而产生，前后起伏、左右对称的体形或空间的分配都是以这中轴为依据的。”

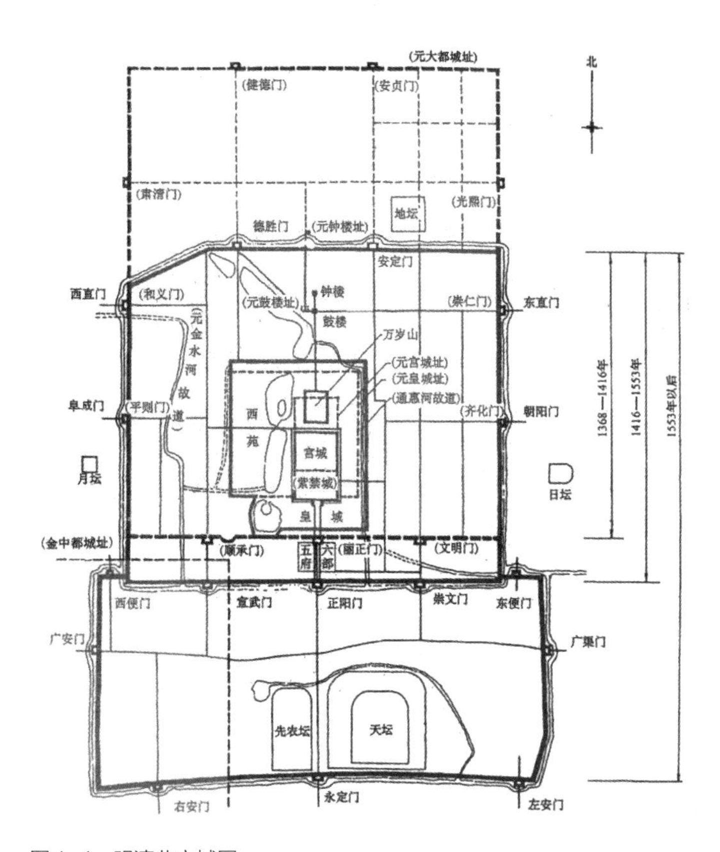

图 1–4　明清北京城图

新中国成立后，城市总体规划将旧城中轴线延长，使旧城的传统格局得到进一步发展。1952 年、1958 年和 1976 年，天安门广场先后进行 3 次大的改建，逐步形成了今日广场的布局。

3. 城市规划与建筑形成因果的统一体

合理的规划布局可确定建筑项目的正确定位，良好的建筑设计可以烘托规划布局的总体氛围。

在北京全市现有的 6 项世界文化遗产中，在中轴线上的就占了 2 项——故宫与天坛，可见北京中轴线上的建筑在世界文化遗产中所处的地位是举足轻重的。其他 4 项分别为周口店北京猿人遗址、长城、颐和园和十三陵。

4. 建筑物为城市的形象“名片”根基

北京旧城建筑的重要组成要素能展示城市中轴线的性格和风貌，一些重点建筑就是城市的“名片”，成为城市的形象或标志。如此，一些中轴线上的重点古建筑物通过艺术提炼“包装”，就足以成为令人印象深刻、过目难忘的城市标志（图 1–5）。

北京城市标志　北京 2014 年 APEC 会标　北京古建筑标志　北京电影节“天人合一”徽标

故宫博物院徽标　2020 年中国（北京）自由贸易试验区标志　北京银行以融合祈年殿及“B”字的形象为徽标

图 1–5　北京城市标志示例（组图）

二、范畴

1. 时段方面

本书以元朝至民国时期北京的传统建筑为主，并侧重阐述明清时期留存的建筑物(群)及与传统中轴线空间相关的项目,并介绍在重点区段的一些重要的现代作品，以串联起建筑历史的演绎轨迹。如 1949 年以后的建设实践——天安门广场、北中轴等段落，达到充实北京中轴线建设时空方面完整性的目标，并为北京城的建设方向提供可借鉴的线索。

2. 空间方面

本书重点阐述了与中轴线相关的重点建筑或街区群体（图 2-1），并引述古建

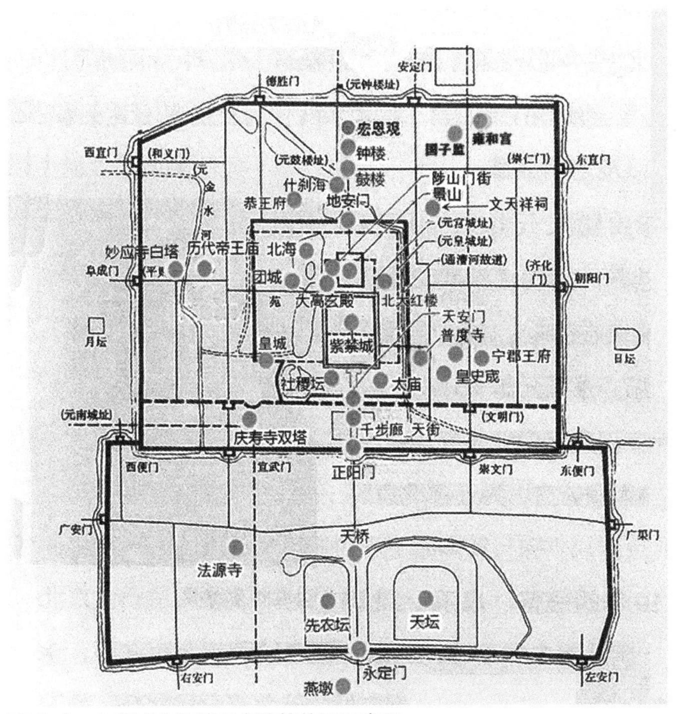

图 2-1　北京城中轴线重点建筑位置示意图

筑的保护与建设控制六项要求和历史文化街区古建筑保护的十要素等相应内容。

中轴线的水系也是整体保护的重要内容。《北京市河道规划设计导则》要求重点保护与中轴线密切相关的“七桥七水”节点，含南护城河永定门桥、龙须沟天桥至北端的元钟楼桥等（图 2-2）。保留滨水空间内有历史价值的工业遗存、漕运设施、古树名木等，对保留设施进行活化利用，形成滨水地区可识别的地标，并按《北京城市总体规划（2016 年—2035 年）》中心城区蓝网系统的规划要求复原时，不得改变历史河湖水系的总体走向，维护河道原有形态和传统堤岸；修缮桥、闸等水文化遗产应当采用传统工艺、传统材料。

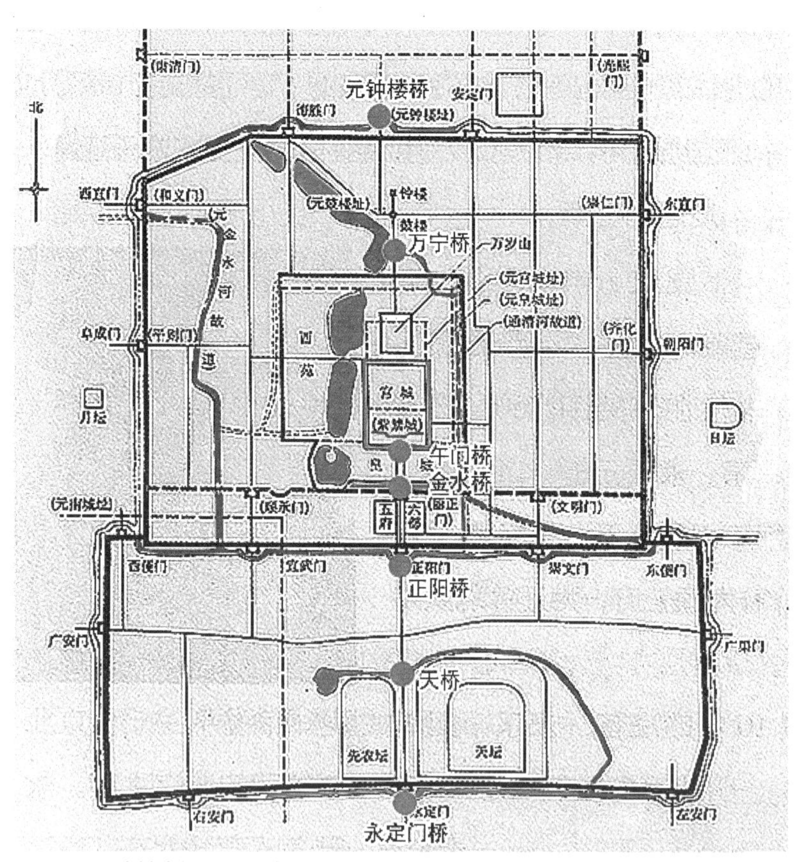

图 2-2　北京城中轴线水系“七桥七水”分布图

3. 表述构成

建筑的定位与设计必先以规划为依据和保障，对各项古建筑的表述应展示与其相关的规划条件，以有利于确定建筑的建设前提。同时，我国的传统古建筑还包括一些小品性质的附属“配件”，如石狮、华表、碑铭亭柱等。

建筑的设计有文化创意的构思，也有空间形体的表达。为完善本书的内容，本书使用了较多的形象性图片（含总平面图、鸟瞰图、立面图及分析图等），以图文并茂的方式，尽量准确、完整和形象地实现对各建筑的阐述，提升本书的趣味性与可读性。

三、要素

1. 北京中轴线建筑平面总体布局的收放规律

北京古城总体的规划设计以强调中心和中轴线设计著称：一条“御道”从南端永定门向北延伸，在东侧的天坛和西侧的先农坛之间形成中轴线的“起势”，直至北端钟鼓楼（代指钟楼和鼓楼）的“收官”，这一连串的空间设计与中央运动系统巧妙地联系在一起；以此为基础的一系列纵向的和横向的组合变化通过不同尺度的流动、开合、对比，形成了北京城中轴线上强烈、神秘的“皇权至上”的氛围。

概括起来，北京城的基本特性由中央运动路线和各自有特定功能的 6 个区进行表达。

（1）外城——南面的一个长方形区域，由城墙包围，其内含有用青瓦覆盖的建筑，一连串穿透城墙包围的广场，是中轴线“全曲”的“前奏”。

（2)内城——建筑具有黄、蓝、紫色屋顶以及朱门和金饰,给人以视觉上的冲击。

（3）故宫的大门——空间收与放的韵律感逐渐加强，午门前的“凹”形空间预示着即将到达金碧辉煌的紫禁城。

（4）故宫（紫禁城）——从午门开始，进入主殿的外庭院，通过曲线形金水河，最后进入三大殿。庭院和太和殿色彩鲜明，金黄色的屋顶映衬着蔚蓝的天空，给人以无与伦比的力度感。故宫是整条中轴线上的精粹。

（5）景山——从故宫北端神武门出来便是景山，其“︵”形的人工山体烘托出故宫强大的气场，成为全城视线凝聚的最高点。

（6）钟楼和鼓楼——鼓楼和钟楼是北京城全长 7.8 千米中轴线的北端，是全城中轴线气势的“收官”之处。

综上所述，北京古城的规划可以说是绝无仅有的杰作，它可以从一种比例放大到另一种比例，然而任何比例都能在总体设计中自成一体。这种节奏的变化，通过空间的敞开和封闭实现，并在到达故宫后系统性地加强。

在空间设计上，作为故宫核心的太和殿在体量上并不比永定门和正阳门大，沿中轴线向北行进，若不进入太和门，是根本看不见太和殿的。这是因为设计者从空间设计技法上运用了期待与现实相衬原理，加重了中心建筑的分量和神秘感（图 3-1）。从空间形态上分析，从永定门到钟楼这条轴线形似一条“驼峰线”。

正如梁思成大师在《北京——都市计划的无比杰作》中所写的，“从正阳门楼到中华门，由中华门到天安门，一起一伏、一伏而又起，这中间千步廊（民国初年已拆除）御路的长度，和天安门前的宽度，是最大胆的空间处理，衬托着建筑重点的安排……由天安门起，是一系列轻重不一的宫门和广庭……一直引导到太和殿顶，便到达中线前半的极点，然后向北，重点逐渐退削，以神武门为尾声。再往北，又‘奇

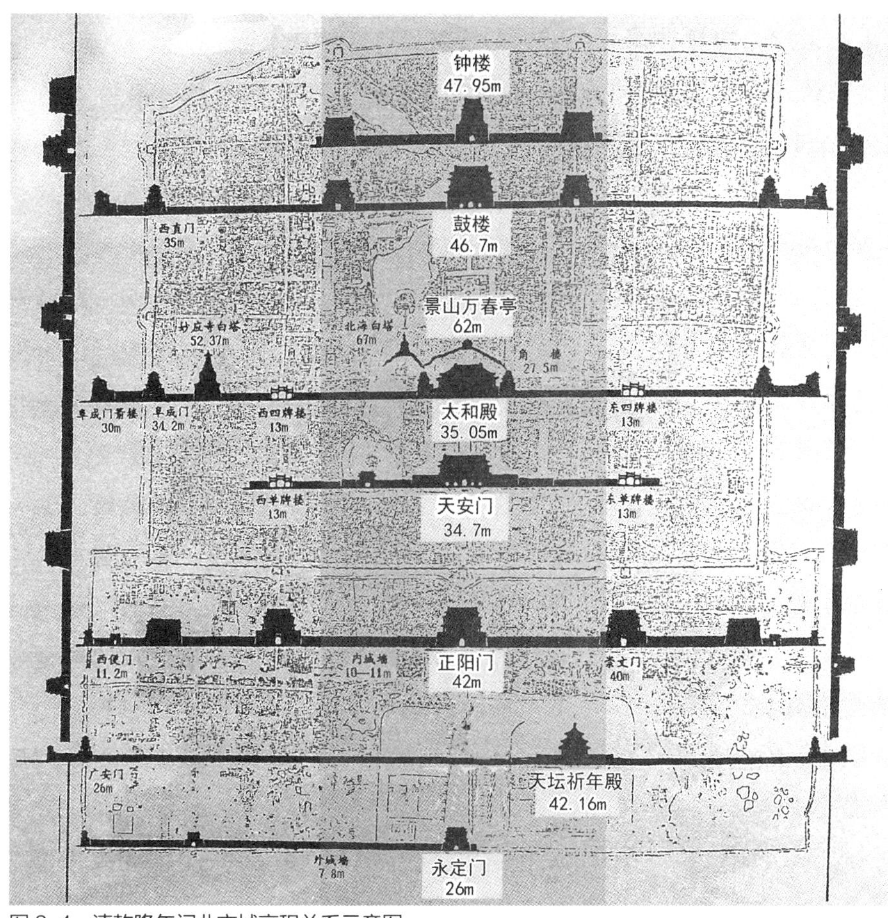

图 3-1　清乾隆年间北京城高程关系示意图

峰突起’地立着景山做了宫城背后的衬托。景山中峰上的亭子正在南北的中心点上。”（图 3-2）

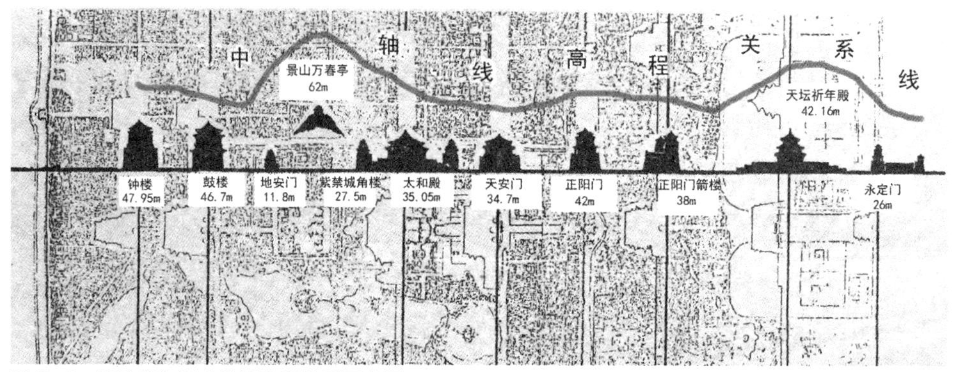

图 3-2　清乾隆年间中轴线高程关系示意图

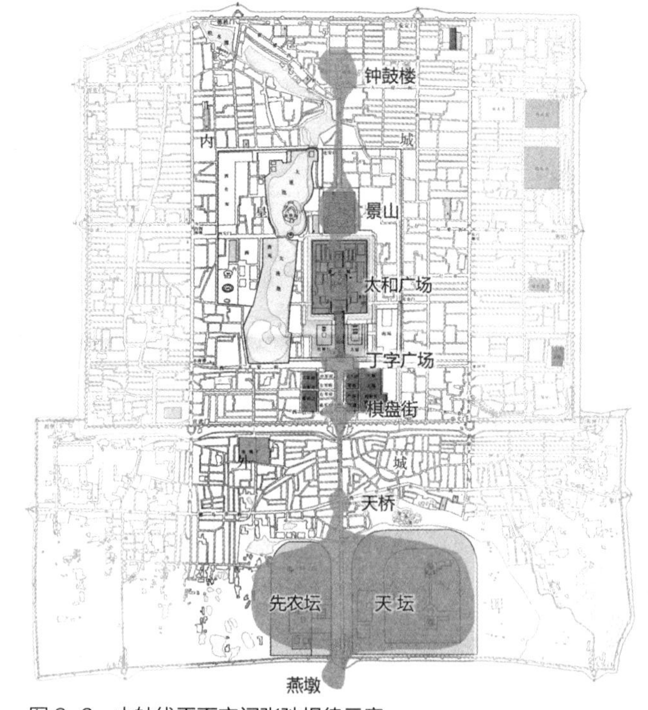

图 3-3　中轴线平面空间张弛规律示意

北京城强调土地形态设计的可支配性，故宫中部宫殿更是整个北京城空间设计的精粹。其空间展示出了展缩开合、丰富有序的空间组合，本身又具有内聚的气场（图 3-3）。弯弯曲曲的水系对中部规矩的空间进行了自然分割。旧北京城的建筑立面组合形成特殊的空间轮廓线，突显立面的组合规律；而平面空间则采用了开合有序的手法，烘托出中轴线上各主体建筑物的雄伟壮丽（图 3-4）。

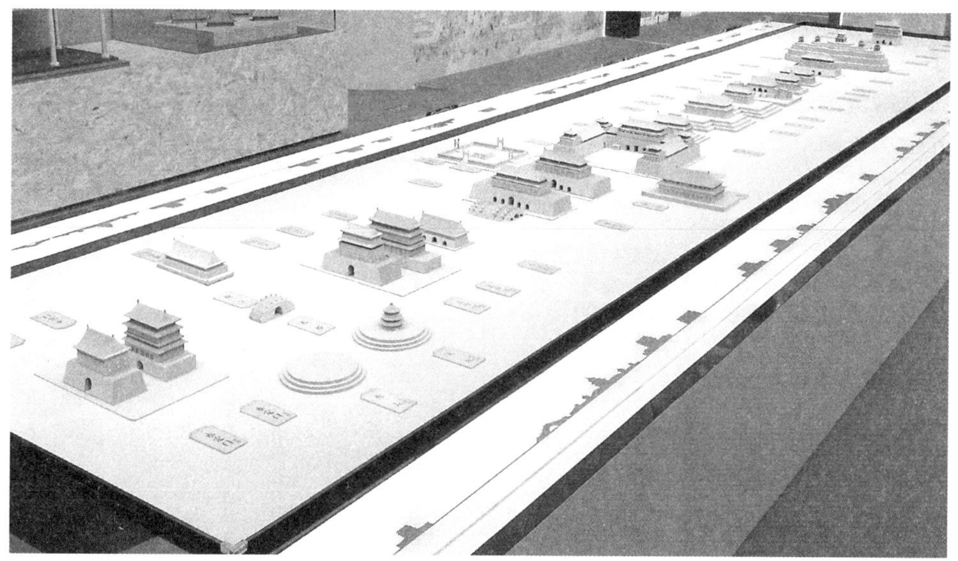

图 3-4　传统中轴线组合关系

2. 突出京城皇权至上的主体宗旨，重视“黄金比例”的运用

从我国历史上的都城设计看，不少城市从城廓的设计开始，就追求一种彰显帝王“九五之尊”的尺度，而 9 : 5 的比例与世界上传统的“黄金比例”1.618 : 1 相近，能给人带来美的空间感受。在这方面，元大都、清北京紫禁城的总平面及一些主体建筑物的尺度都是典型的范例。

应该说，“九五之尊”的君权思想在北京城的规划和建筑设计方面得到了极致体现。元大都及明清北京城的平面格局严格地按照天庭的“九星”（即北斗七星与辅佐二星）为地面“九宫”的思路设计：元大都以宫城御苑面积之和为面积的基本模数，城的东西宽为宫城御苑的 9 倍，南北深为其 5 倍，城内街区胡同的中距约为 83 米。明代都城的东西宽为紫禁城宽的 9 倍，南北之深为紫禁城宽的 5.5 倍；天安门正立面门楼开间数为 9 间，柱高 19 尺（约 6.3 米），且墩台高、两重檐口总高及次间、梢间宽度均为 19 尺的倍数。可见，“九五之尊”的文化规制在古人建都城时是无处不在的。

从审美意义上来说，好的设计是完整和谐的，在尺度上哪怕增减一点都会损害宜人的空间氛围，故宫紫禁城就是一个最典型的实例。我们在其总平面规划图上，可以发现“黄金比例”的应用，其充实了传统规划布局法则。在组群空间布局方面，紫禁城也反映出严谨的平面模数关系。紫禁城的前三大殿、“工”字形大台基和后两宫宫院（后来的后三宫宫院），其宽度与长度的比例均为 5∶9，隐喻“王者居九五富贵之位”。前三大殿宫院和乾清门门院的占地面积恰好是后两宫宫院的 4 倍；东西六宫和东西五所占地面积也与后两宫宫院尺度接近。紫禁城中许多重要建筑尺寸的选定，都存在着类似的规律（图 3–5~ 图 3–7）。

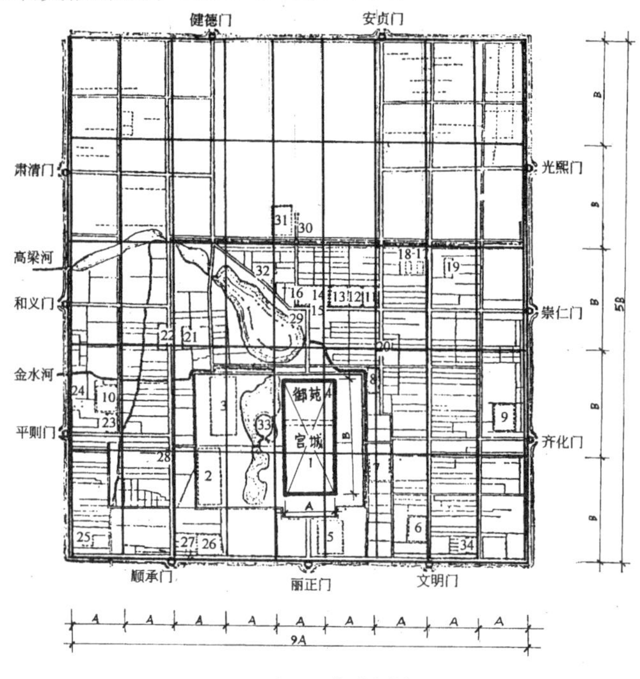

图 3–5　元大都城廓的“9∶5”比例关系

紫禁城中的太和殿（皇极殿，俗称金銮殿）是象征皇帝至高无上的宫殿，正好位于紫禁城内空间和艺术效果最突出的位置上；从大明门（现毛主席纪念堂位置）至景山为 2 500 米，至太和殿庭院为 1 545 米，这两个数字之比正好为“黄金分割”比例 1.618∶1。太和殿的形体设计也无处不体现着黄金比例的法则（图 3–8）。

紫禁城在空间比例、轴线、院落尺度、序列、建筑高度、建筑布局乃至色彩组织上，都别具匠心，形成了极优美、完整的城市形象。直到今天，紫禁城仍然是城市的重心。总之，在北京中轴线数量庞大的建筑群中，紫禁城一直是最“精美”的核心。

采用城市审美性的设计方法是一项重要的设计原则，它在建筑创作方面有更为

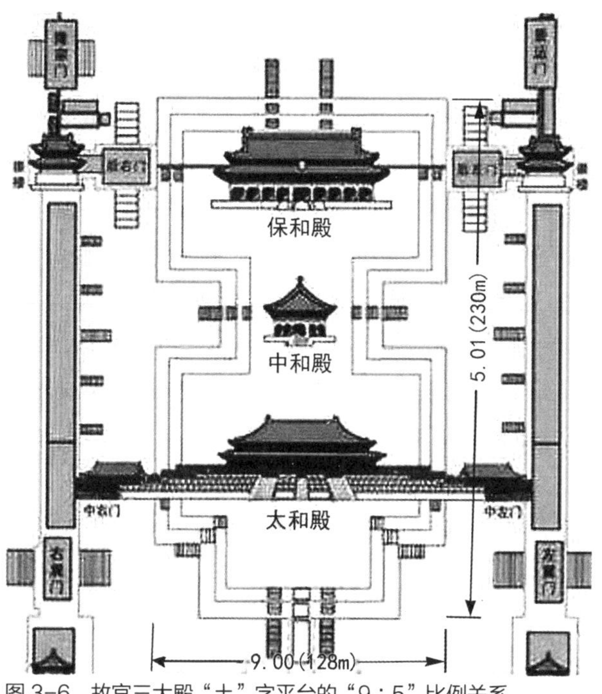

图 3-6　故宫三大殿“土”字平台的“9：5”比例关系

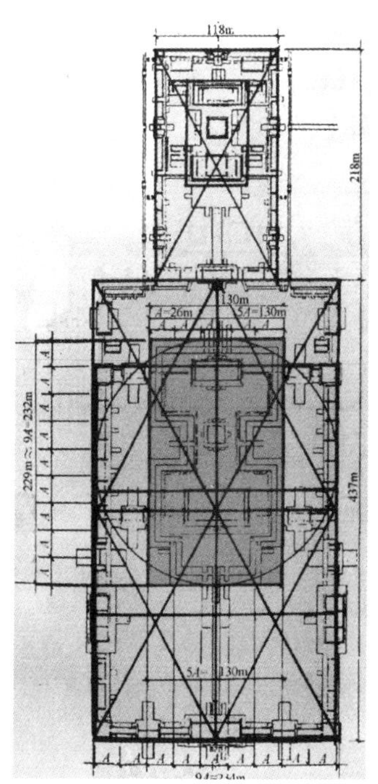

图 3-7　前三大殿和后三宫院落的“9：5”比例关系分析（傅熹年作）

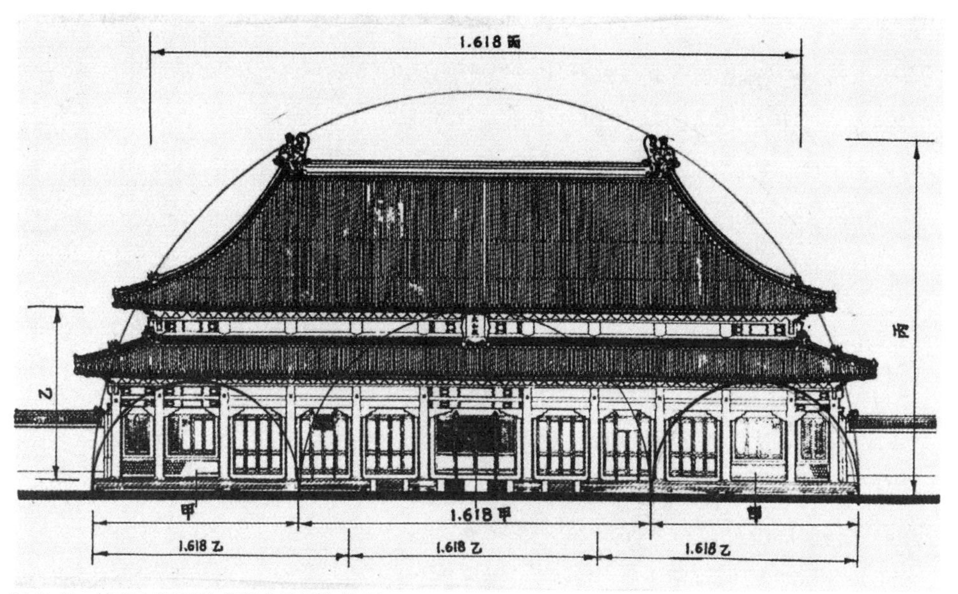

图 3-8　故宫太和殿的“黄金比例”体现

直观的效果。故宫中心建筑太和殿及皇城的正门天安门的尺度比例正是严格按美学要求设计的，从而使这些建筑物成为传世的经典（图 3-9）。

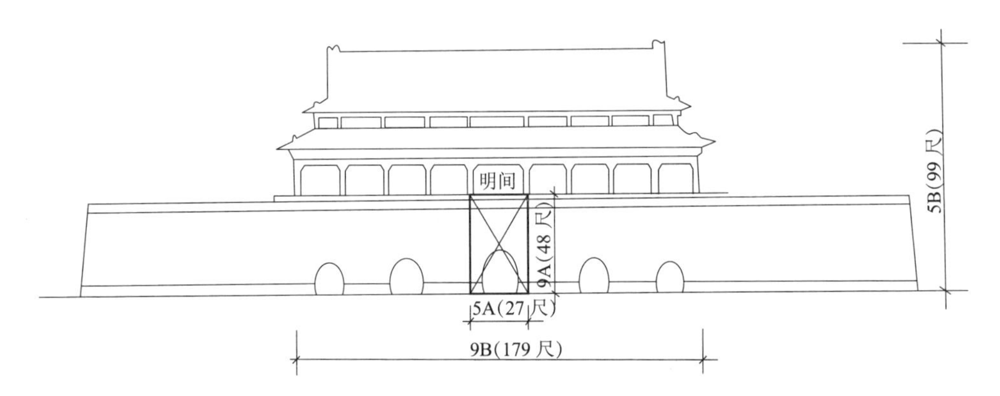

图 3-9　彰显“九五之尊”的天安门高宽比例（注：1 尺≈ 0.33 米）

3. 中轴线上预设了诸多景观视廊

在城市总体布局中，还必须有若干空间景观视廊，以形成丰富的城市景观体系，彰显城市的空间秩序。

由建筑群组成的城市空间轴线是城市总体面貌的重要呈现（图 3-10）。它不仅强调交通的功能，而且在城市总体空间结构上突出主体建筑群的地位，从而引领整座城市或某些街区的空间秩序，突出城市的形象风貌，满足游客对环境的观光要求。例如，《北京城市总体规划（2016 年—2035 年）》就明确提出了“恢复银锭观山景观视廊，保护景山万春亭、正阳门城楼和箭楼、北海白塔、妙应寺白塔、钟鼓楼、德胜门箭楼、天坛祈年殿、永定门等地标建筑之间的景观视廊”（在旧城区范围内共规划了 13 条景观视廊及 14 条街道对景）（图 3-11~ 图 3-13）。

4. 建筑风格融入多民族文化基因

元朝大都城的宫殿建筑风貌，在吸收汉族传统宫城布局架构及造园设景方面的经验的基础上，大量融合了边疆异域的建筑文化，特别是将蒙古族特有的审美要求、宗教信仰及生活方式等因素融入其中。

尤其在殿堂建筑方面，元代宫殿以汉地传统殿堂建筑为主，同时在皇城之内还

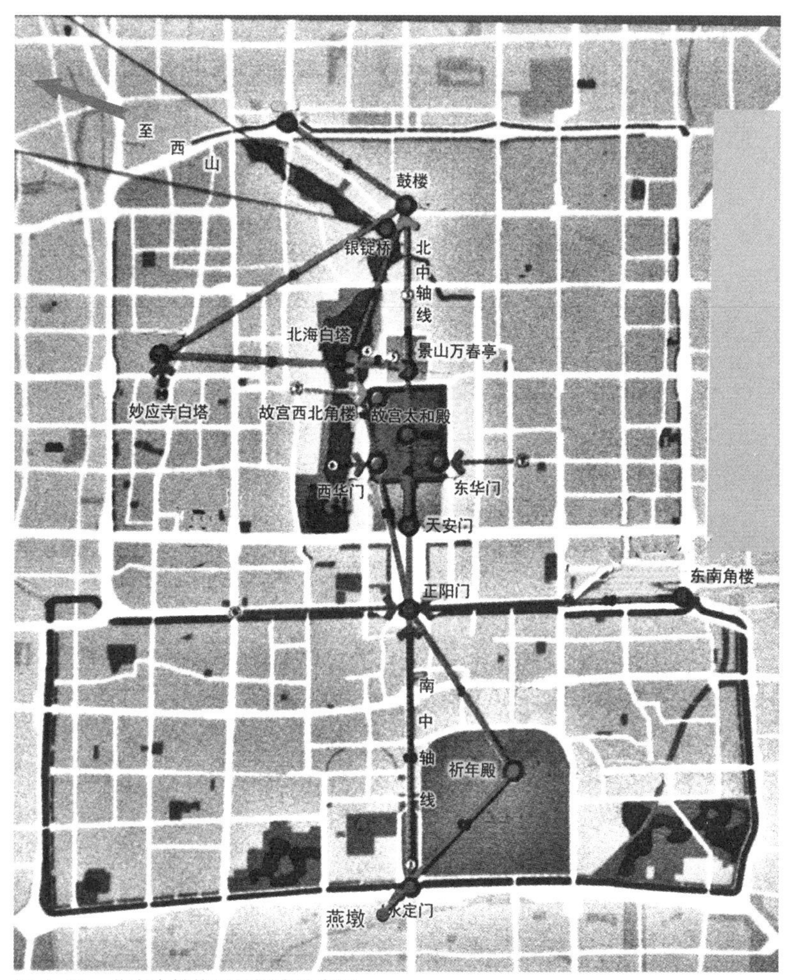

图 3-10　北京中轴线景观视廊分布图

图 3-11　从天坛祈年殿通过“视廊”远看正阳门城楼

图 3-12　从北海远眺钟鼓楼（民国初年摄）

建有不少其他风格的宫殿，如以鬃毛覆顶的鬃毛殿、盝顶殿、畏兀尔殿、“温石浴室”以及“水晶圆殿”等。在皇宫之中布置着一些被称为“帐殿”“幄殿”（蒙古语称“斡耳朵”）的纯蒙古式的帐幕建筑，皇城用地内也有大片空地被辟出，用以搭建毡帐、安放毡车，以备皇帝春秋两都巡幸之时所用。为反映蒙古族喜豪饮的习俗，在大明殿、广寒殿等的御榻前，还有大型的酒瓮，现在北海团城陈列的“渎山大玉海”，就是当年广寒殿中的酒瓮。

图 3-13　北京“银锭观山”

明代的建筑及环境布局基本上继承了宋代的风格，但规模更宏大、气势更雄伟。清代帝王的宫殿是在明代宫殿的基础上不断扩展完善而来的，但工程更精细、彩绘更艳丽。在这一时期的建筑中，木构艺术和技术得到了发展，官式建筑的装修、彩画、装饰日趋定型。清代的建筑还融入了一些满族旗人的文化要素，如紫禁城内和北海北岸的九龙壁，中间是象征皇帝的金色飞龙，两侧八条神态各异的盘龙据传寓意为八旗（图 3-14）。

图 3-14　紫禁城九龙壁

四、实录之一：起始段

按照由南向北的序列，本书分别介绍从燕墩至钟楼的北京传统中轴线的范围内，各代表性建筑（含建筑群）的设计特色、形象及故事。

[一]
燕墩——永定门的哨所

元、明、清时期，道家“五行”（金、木、水、火、土）相生相克的理论被推崇，人们认为其可保京城的吉祥平安，促京城的繁荣兴盛，于是在京城的东、西、南、北、中五个方位分别设有五个“镇物”（以下简称“五镇”），而这“五镇”也是北京历史文化的重要组成部分，它们分别是：

南镇——燕墩，位于永定门口外；

东镇——黄木厂，位于东花市；

西镇——永乐大钟，位于大钟寺；

北镇——万寿山，位于昆明湖湖畔；

中镇——景山，位于京城中心。

作为镇物之一，燕墩就是永定门外的烽火台，它曾有个别名叫“烟墩”，它也是元、明、清时期京都南部的火神祭坛。

燕墩建于元代，是一座上窄下宽的梯形土墩台，到了明嘉靖三十二年（1553 年）北京开始修筑外城的时候，土墩的四面才砌了青砖，后来清乾隆皇帝又命御制石碑一座立于其上，于是形成了民间的燕京八景之一——石幢燕墩。

燕墩的下四方台底每边长约 15 米，台顶收缩为约 14 米，台高约 9 米。台顶正中是一座正方形石台，台上立一方形石碑，碑身每面宽 1.58 米，高 7.5 米。碑体是一个设计与雕刻完美融合的艺术精品：须弥座的四面各雕花纹 5 层，分别为龙、云、菩提叶、菩提珠、牛头马面及佛像，四角各刻佛像 1 尊，腰部用高浮雕手法雕有姿态各异、栩栩如生的 24 尊水神像，南、北碑面四周刻以云状花纹。碑顶有石檐，檐下有石雕 3 层，碑顶样式为四角攒尖式，四脊各有盘龙（图 4-1~ 图 4-4）。碑文为北京作为幽燕之地的徽记，碑的南面刻有《皇都篇》，北面刻有《帝都篇》，碑文为清乾隆十八年（1753 年）乾隆皇帝御笔亲题，汉文满文对照，阴文楷书。

乾隆皇帝在《皇都篇》中描述了北京的历史沿革和大清朝以来国家富庶兴盛的景象。他认为：北京是中国北方重镇，清朝定都以来，京师富庶，如日中天。不过，在篇末乾隆皇帝却又担忧地表示“富乎盛矣日中央，是予所惧心彷徨”，在时值盛世时的帝国，他或许已预感到了潜在的危机，这颇有些居安思危的意味。《帝都篇》则简述了中国历代都城的特性，首肯了北京优越的地理位置和作为都城的优势。其具有其他古都无法比拟的战略地位，所以多代帝王才定都北京。乾隆皇帝也表达了

图 4-1　从燕墩眺望永定门

图 4-2　燕墩全貌

图 4-3　燕墩上的精美装饰

图 4-4　燕墩须弥座上的精美纹饰

他对“在德不在险”的治国理念的认同和主张。这两篇文章在《钦定日下旧闻考》《宸垣识略》等古籍中均可查阅到。

此处还要指出的是，燕墩原来是有一对的，在永定门外大道的东西两侧“把门”，后来东侧的被搬移到了首都博物馆东侧，成为首都博物馆门口的一景。

在民间，燕墩还有一段曲折的历史故事。据说 1900 年以前，清廷在燕墩曾经举行祭祀水神与火神的仪式。清末民初，石幢前陈列着一对雌雄“神燧石”，它们来自紫禁城宝华殿。“神燧石”下方有海南沉香木座，如八仙桌制式。民国四年（1915 年）前后，“神燧石”和木座不翼而飞，相传是被盗了。民国时期，墩台的四周都是农田。日本侵华期间，燕墩曾被一家日本经营的“大华火油有限公司”霸占，1937 年 10 月，该公司曾以“恐怕燕墩坍塌”为由，欲将其拆掉。调查组调查后认为，燕墩“其有保存价值，亦无坍塌之虞”，该公司又怕拆除燕墩会激起更大民愤，便放弃拆除计划，燕墩才幸免于难留存下来。自 20 世纪 60 年代起，燕墩的四周被堆放的垃圾和各种违章建筑环绕，直到 2004 年政府复建永定门，在拓宽中轴路时燕墩才显现出来，人们才忽然惊诧地发现，它距离永定门仅 300 米远，是与永定门相望的“邻居”。燕墩从此重新焕发了青春。

1984 年，燕墩被认定为北京市第三批文物保护单位；2019 年，“燕墩公园”落成开放，成为新的思古观光和游憩胜地。

[二]

永定门——中轴线的龙头

永定门位于北京城中轴线的南端，也可以说是明清北京城整条中轴线的“龙头”。在城门的建设规制方面，永定门是北京外城最高大的一座城门，极为壮观。它是从南边入京的重要通道，也是当年皇家出城去南苑狩猎的必经之地。在历史上，永定门由城楼、箭楼与瓮城组成，这些是城市防御工程的标准构成元素。

登上城楼北眺，正阳门城楼赫然在目，“御道”从永定门穿过北上，通过天桥直指正阳门箭楼，气势磅礴。由永定门引导的中轴线建筑群的气度真可谓举世无双！

永定门是北京外城规模最大、最重要的城门，明清两朝皇帝往南巡游、狩猎等都必经此门，因此其区位十分重要。早在 1924 年，瑞典学者喜仁龙（Osvald Sirén）就在《北京的城墙与城门》一书中赞颂永定门的雄伟壮丽，“宽阔的护城河边，芦苇挺立，垂柳婆娑。城楼和弧形瓮城带有雉堞的墙，在碧空之下形成黑暗的剪影。耸立的城楼将城墙和瓮城的轮廓线引向高处，远挑的屋檐就像伸出了宽大的双翼，凌空欲飞。护城河中，城门的倒影清晰可见。不过当习习清风拂过垂柳的柔软枝叶时，城楼的翅膀便在水中颤动起来，而雉堞的城墙也开始破碎摇晃……”永定门城楼的雄伟壮观也受到一些文人墨客的称赞，如清代大臣郑孝胥曾在《七月初十日入永定门》中写道：“双阙空嵯峨，积尘霾楚囚。天桥望落日，徙倚将谁俦。华屋岂不存？视之如山丘。吾今实桃梗，尝与土偶游。”诗中那“嵯峨”就是形容永定门楼的恢宏壮丽是无与伦比的。

在古代，城门的名字要有好兆头，“永定门”就是典型一例。永定门为外城七门中规格最高的城门，“永定”两字的寓意为“永远安定”。又因永定门为皇都最外边的门，且门外有一元大都时建的南镇——土皋（燕墩），故此门又被称为“皋门”或“郭门”。

永定门的建设并非一帆风顺，它是逐步建成的，建造过程跨越了明、清两代。明朝该门初建时，因当时朝廷财政吃紧，所以只有一座极其简单朴素的城门楼被建起。直到后来，京城屡遭北方游牧民族的侵扰，为了满足防御的需要，明嘉靖四十三年（1564 年）永定门城楼之外才筑瓮城。后来到了清乾隆三十一年（1766 年），朝廷对其进行了一次大规模的整修，不仅提高了城楼的建筑规格，将楼台加高到 26 米、楼宽扩展为 24 米。瓮城深 36 米，宽 42 米，墙体厚约 6 米。永定门瓮城的南面加修了箭楼，箭楼城台厚近 9 米。至此，建造了近 200 多年的永定门才形成了一组完整的防御体系。

永定门城楼虽然是外城的城门，但是其城楼的形制却是按照内城的规格建的。它是典型的内城三重檐歇山楼阁式建筑，为灰筒瓦绿琉璃瓦剪边顶。箭楼的规制为单檐歇山式灰筒瓦顶，南、东、西 3 面各辟箭窗 2 层，南面每层有 7 个射箭孔，东西面每层有 3 个射箭孔。瓮城的平面呈方形，两转角处为圆弧形，东西宽 42 米，南北深 36 米（图 4–5~ 图 4–9）。根据清代《乾隆京城全图》判断：在靠近永定门的门洞处，东面建有关帝庙，西面有观音寺、永寺庵、佑圣庵等建筑。永定门的功能逐渐完备，从最初仅有单纯的防御功能的建筑发展到兼祈福祭祀等多功能于一体的建筑群。现在的永定门城楼复建于 2004 年。

永定门不仅是北京中轴线最南端的起点，也是孕育宣南市井文化的原点。清朝

图 4–5　永定门及箭楼全貌（20 世纪 20 年代摄）

图 4-6　永定门瓮城（20 世纪 20 年代摄）

图 4-7　永定门城楼正面测绘图
（1924 年喜仁龙制）

图 4-8　永定门箭楼正面测绘图
（1924 年喜仁龙制）

图 4-9　民国时期的永定门

为实施“满汉分治”，将永定门内逐渐发展成北京底层市民繁荣的生活服务区（以天桥一带为中心）。历史上的永定门内大街被老北京人俗称为“门脸儿”。临街房屋除了用于民居外，还有经营各类商品的小店以及形式多样的游憩场所。

说起永定门还有一段辛酸的历史。1900 年八国联军攻入北京，为了便于运进军需物资和运出掠夺的财富，八国联军扒掉永定门西侧的城墙，将铁路从永定门外的马家堡延长到天坛西门，还在那里盖了座火车站。仲芳氏的《庚子记事》有记载：“昨出永定门见印度兵将城楼以西城墙拆通一段，铁路接轨进城，千百人夫大兴工程，不日即可安齐全，便开火车矣。”

1949 年 2 月 3 日，正阳门举行了庄严盛大的人民解放军进驻北平入城仪式，炮队、骑兵、步兵等各部队正是从正南方的永定门进入北平城的。因此，永定门具有特别的历史意义，它象征着北京的新生。

后来，由于城市发展的需要，永定门经历了曲折的拆建过程。1950 年瓮城先被拆除，城楼东西城墙上各开了豁口，1957 年城楼与箭楼同时被拆除。2004 年 9 月，永定门城楼得以复建，复建过程中还有些插曲。在重建永定门城楼的前一年，人们在先农坛北京古代建筑博物馆门前的一株古柏树下，偶然发现了一块保存完好的“永定门”石匾，据专家考证，它是明嘉靖年间朝廷修建永定门时刻的原件，楷书“永定门”三字苍劲沉雄。复建城楼使用的城砖也有传奇，原来在拆除永定门时，南苑小红门附近的三台山危险品仓库正在修建，拆下的老城砖就被运去砌成了仓库的围墙，半个世纪后这些老城砖又故地重游般地被搬运了回来，重新砌到复建的永定门城楼上。永定门的拆建具有深深的时代烙印，它的曲折经历也是北京变迁与发展的注解。

在结合永定门城楼复建及文物保护进行南中轴线的御道修建时，人们还在绿地的原址上复建了佑圣寺和观音寺，东西两侧的广场分别地雕篆文“敬天勤民”“农桑为本”，并用圆形和方格形的砖料铺装地面，与天坛和先农坛相互呼应，彰显传统“天圆地方”之意。

2004 年，城楼前开辟了宽阔的广场，城楼后营建了绿荫大道，建成了占地 28.5 公顷、南北全长 1 000 米的开放式的带状公园——永定门公园。整个公园沿着古老的“御道”而建，“御道”与中轴线重合，东西两侧边界分别至天坛与先农坛的坛墙。

永定门公园成为广大市民休憩、健身、娱乐的场所，并为南城增添了一道亮丽的新景观（图 4-10）。

目前，永定门东北侧还放着一块体形巨大的中华昆仑玉原石，它是目前国内最大的昆仑玉原石。这块玉石是在中华人民共和国成立 60 周年之际，经过 4 天长途跋涉运抵北京的。而永定门作为北京中轴线南端的起点，是北京城龙脉的“龙头”（燕墩则似“龙须”），这块玉石陈列在永定门，正是“龙玉、龙脉、龙头”的完美结合，寓意着祖国“国运永昌，永定安康”。

图 4-10　永定门公园局部

[三]

天坛——紫禁城的伴侣

《汉书·郊祀志》云："帝王之事，莫大乎承天之序，承天之序莫重于郊祀。"

天坛始建于明永乐十八年（1420 年），初名天地坛，用于天地合祀。明嘉靖九年（1530 年）朝廷设立四郊分祀制。天地坛于嘉靖十三年（1534 年）改称天坛，成为明清两代帝王专门用来"祭天""祈谷"的场所。

天坛建筑的最大特色是在建筑形制、规模、色彩等方面均刻意追求"天"的宏大意境。按我国古有的"天圆地方"规制，天坛的主要建筑都是圆形的，屋顶主要用蓝色琉璃瓦，颜色与天相同。天坛占地达 273 公顷，为中国现存规模最大、形制最完备的古代祭天建筑群。

天坛由内坛墙和外坛墙两重围合，根据"天圆地方"的原则，其内坛墙和外坛墙的北沿均为弧圆状，以象征天；南墙则与东墙和西墙直角相交，被称为"天地墙"。其中，外坛墙的南北墙相距 1 600 多米，东西墙相距 1 700 多米，内坛墙的南北墙相距约 1 300 米，东西墙相距 1 000 多米，内坛总面积约 130 公顷。

天坛是我国现存面积最大的古代祭祀性建筑群，大小接近 4 个故宫，整个天坛的建筑群共分为 5 组：①圜丘（祭天用）；②祈年殿（祈谷用）；③斋宫（供皇帝休息）；④ 神乐署（作为礼乐学府）；⑤牺牲所（饲养祭品）。

天坛并非沿中轴线对称的布局，它分为内坛与外坛两部分。内坛是天坛的主体，圜丘坛在南，祈谷坛在北，由一条南北向的中心轴线相连。轴线是一条长 360 米、高出地面 4 米的大道，称"丹陛桥"（或"海墁大道"）。外坛不对称地围合内坛。南北轴线在整个天坛用地内偏东。天坛原本只能从西门出入，这种布局加大了进深，让视野变得开阔深邃，建筑显得更加恢宏雄伟。

圜丘与祈年殿是天坛内的两大主体建筑（图 4-11~图 4-13）。圜丘用于祭天，祈年殿用于祈谷。圜丘又称祭天台，始建于明嘉靖九年（1530 年），是皇帝行祭天大礼的场所，每年冬至在此举行"祀天大典"。圜丘起初仅为狭小的 3 层蓝色琉璃台。清乾隆十四年（1749 年）扩建，坛面扩大，以房山产的艾叶青石铺装地面，栏杆、

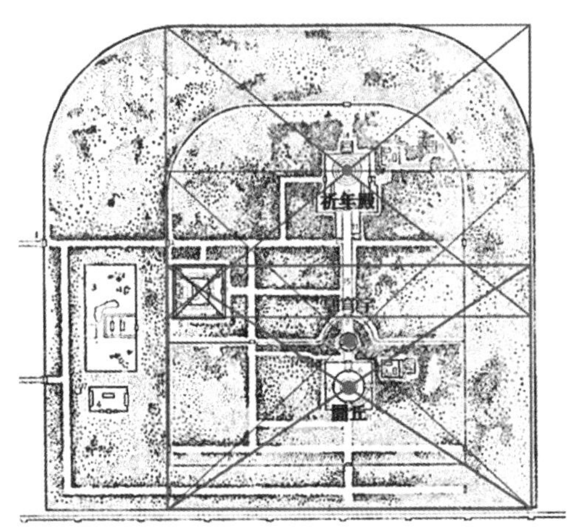

图 4-11　天坛圜丘、祈年殿位置分析图

图 4-12　俯瞰天坛内坛

图 4-13　天坛祈年殿

栏板亦全部改用汉白玉雕砌。在中国古人的观念中，天是九重的，“九天”“九重”“九垓”“九霄”等都是天的别称。因此，圜丘的尺度和构件的数量集中并反复使用“九”这个数字，以强调“天”至高无上的地位。如圜丘有 3 层台面，每层铺 9 圈扇面形

状的石板，坛中心是一块名为“天心石”的圆形大理石，从中心向外，坛所有的石板、石栏、栏板以及四面的台阶数目，都与“九”有关，如上层第1圈是9块，第2圈是18块，第3圈是27块……以此类推直到第9圈是81块。又如坛周边的栏板：上层是72块，中层是108块，下层是180块，总共360块，正合周天360度（图4-14）。

皇穹宇位于圜丘以北，供奉着皇天上帝和皇帝上八代祖宗的牌位，建筑形体似祈年殿的缩小版，它由一圈圆形围墙所包围，墙高3.72米，周长193米，围墙的内侧非常平整光滑，声音可沿内侧的弧状墙清晰传递，故又被称为“回音壁”（图4-15）。

祈谷坛在内坛北部、皇穹宇以北，平面呈圆形，和紫禁城中心的三大殿一样，盖在3层台阶上，通高5.56米，各层坛面周围均有白石护栏，栏板数均为108块，护栏以下是须弥座式的坛座。

引人注目的祈年殿是压轴式的天坛主体建筑，它建于祈谷坛上层坛面的正中，殿正面朝南，为琉璃瓦圆攒尖顶的三重檐圆形大殿，屋檐逐层向上收缩，殿顶莲花座上冠有巨大铜制鎏金圆宝顶。祈年殿始建于明永乐十八年（1420年），初名“大祀殿”，是矩形的大殿，明嘉靖二十四年（1545年）改为三重檐的圆形殿，殿顶从上至下依次覆盖青、黄、绿三色琉璃，寓意天、地、万物，后更名为“大享殿”。清乾隆十六年（1751年）其改三色瓦为统一的蓝瓦金顶，定名为“祈年殿”，并沿用至今。祈年殿殿高38.2米，直径24.2米，比太和殿还高出11米多，曾是都城最

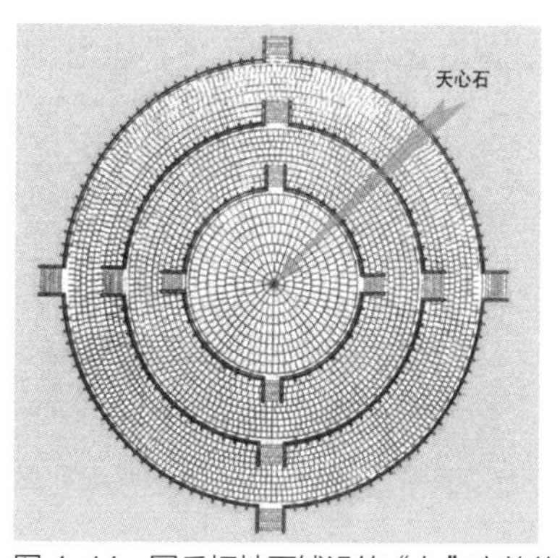

图4-14 圜丘坛地面铺设的“九”字韵律

图4-15 天坛皇穹宇

高的建筑物。据传其设计思想严格按天象规律，寓意极为丰富：大殿核心 4 根“龙井柱”象征四季，中间 12 根金柱意为 12 个月份，外围的 12 根廊柱表示 12 个时辰（古代一天分十二时辰，每时辰合两小时），两层柱子相加为 24，代表 24 个节气，它们与 4 根“龙柱”相加总计 28 根，代表 28 星宿，而中心的顶天“雷公柱”则示意皇帝一统天下。

祈年殿前方东西两侧各有配殿 9 间，总面阔 44 米，进深 8.5 米，建于 1.5 米高的砖石台基之上，为蓝琉璃瓦歇山顶，明间正面及前廊南北两侧各有垂带踏跺 9 级。皇乾殿在祈年殿北面，作为祈谷坛奉祀神位的场所。

我国历代皇帝都自诩为真龙天子，需要亲自向皇天祭拜，因此，从明代开始皇帝每年都会于孟春上辛日去天坛“祈谷”（古代以天干地支计日，正月第一个“辛”的日子，是农历正月初一到初十间的一天），以期风调雨润，五谷丰登。所以在我国古代，京城在哪里，祭天之坛就必定在哪里。北京的天坛如今已有600余年的历史，紫禁城与之相同。

人们一般会将祈年殿误认为天坛，其实祈年殿是专供皇帝祈祷农耕丰收的大殿，而真正具有祭天功能的是南面的圜丘。一百多年前，天坛先后遭到英法联军和八国联军的严重破坏，清光绪年间祈年殿又被雷击毁坏，后进行了修复。

天坛的设计构思十分深奥，大致可概括为以下三大特点。

（1）天坛建筑处处展示中国古代文化特有的寓意

天坛是物化的古代哲学思想，有着极高的历史价值及科学价值，更有着深刻的文化内涵。

在天坛的构图中心——祈年殿内部，其空间层层升高向中心聚拢，外部台基屋檐呈圆形，也层层同步收缩上举，形成强烈的向上动势，给人以端庄升腾之感；色彩对比强烈，而又得体协调，使人有步入坛内如踏祥云登临天界之感。天坛从总体到局部均是古建佳作，既是中华民族在漫长的历史中形成的思想文化的遗迹和载体，又是极具艺术价值的建筑精品。天坛建筑群形态雄伟，构架精巧，是中国古建筑文化的精粹，也是古都的代表性建筑群。

（2）天坛是中华文明的结晶之一

天坛从规划、定位、建筑设计等方面，成功地把古人对“天”的认识、“天人关系”表现得淋漓尽致。各朝各代均建坛祭天，而北京天坛是唯一完整保存下来的，是先贤达人的杰作，承载了博大精深的中华文化内涵。

（3）天坛集古代哲学、美学、历史、数学、力学及生态学之精华于一身

天坛在建筑设计和营造上集明、清建筑技术、艺术之大成。祈年殿、皇穹宇形体巨大、构思巧妙、工艺精致，是中国古建中罕见的宝贵遗产。天坛主体建筑周围又以大面积的树林烘托，大片的植被展现了“天人和谐”的生态思想。天坛是研究古代建筑艺术和生态环境的实物，极具科学价值。

天坛用地内有北京面积最宏大的“古柏林海”，共栽植有古柏 3 562 棵，其中树龄达到 300 岁以上的就有 1 100 多棵。其气势磅礴、树形古朴，堪称北京古城“皇冠上的翡翠”，更烘托了天坛的神韵。

1913 年，天坛首次开放供国人参观，1918 年后曾经一度开放为公园，1979 年被公布为“北京市文物保护单位”，1961 年被公布为“全国重点文物保护单位”，1998 年被确认为世界文化遗产。天坛举世闻名。

1963 年 5 月，天坛月季园建成，据称，“开园时轰动京城，每天有数千游客光临赏花”；月季花也于 1987 年当选为北京市花。现在，天坛的月季花、颐和园的桂花及中山公园的兰花均已成为京城靓丽的风景。此处还要补充以下两点。

（1）天坛西侧曾经建设过一座“天坛火车站”

1900 年，八国联军占领了天坛，并将其作为军营。为了防止清军反扑，把后续军队和物资尽快运输到北京，他们把原有马家堡火车站的铁轨继续向北延伸，一直修到了永定门，并在永定门城楼西侧凿开了一个豁口，把火车铁轨延伸到先农坛东天门后，再向东穿过永定门内关厢和永定门内大街，在天坛西侧祈谷坛的西天门外，修筑了一座“天坛火车站”（图 4–16）。只是天坛火车站存留的时间并不长，在八国联军完成对北京的控制后，1901 年正阳门东站通车，天坛火车站被取代，不久即被拆除了。

（2）天坛祈年殿影响了我国现代的建筑创作

建筑大师张家德先生在 1956 年为重庆市设计了一座重庆市人民大礼堂，其主体建筑形象就仿照了明清坛庙建筑的形态及轴线对称的规制（图 4–17）。

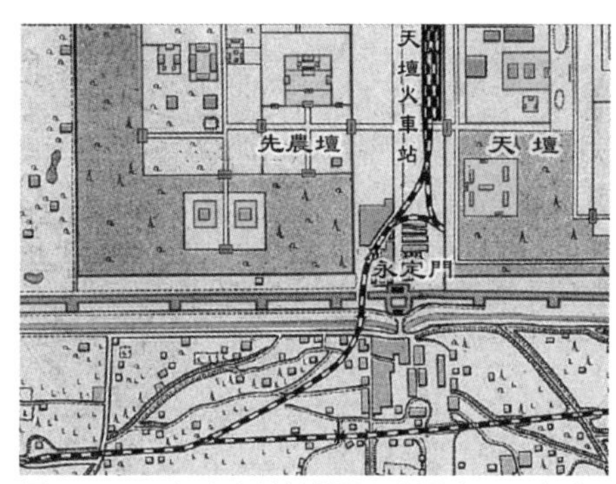

图 4–16　天坛火车站的位置示意图（1901 年）

图 4–17　颇具祈年殿特色的重庆人民大礼堂

[四]

先农坛——农耕为本的象征

《史记·孝文本纪》中有言："农，天下之本，其开籍田，朕亲率耕，以给宗庙粢[①]盛。"先农坛又称"山川坛"，位于北京城中轴线南端西侧，是明清两代帝王祭祀先农、山川、神祇和太岁道神以及皇帝举行亲耕礼的地方。现存的建筑群布局完整，是明清皇家祭祀建筑的杰出范例，也是中国封建社会典章制度的实物见证。

"亲耕享先农"包含着先农坛两项非常重要的礼制，即祭祀先农和耤田礼。史料记载，我国至少在周代就有天子亲耕之礼，汉代之后天子亲耕与祭先农之礼便一直延续。先农即神农，籍田在就是民间俗称皇帝的"一亩三分地"。皇帝亲自耕种、祭祀先农，充分体现了国家对农业的高度重视，也体现了对"民以食为天"的深刻注解。以农立国是中国封建社会历代的产业主体宗旨，先农坛的历史文化地位尤其重要。

北京的先农坛（图 4-18、图 4-19）始建于明永乐十八年（1420 年），距今已有 600 余年的历史，它的主体建筑最初被称为山川坛，位于先农坛内坛东北部，乾隆二十年（1755 年）后改称庆成宫。庆成宫坐北朝南，占地面积约 1.35 公顷。中轴线从南向北依次为宫门、内宫门、大殿、妃宫殿，大殿庆成宫作为皇帝行耕礼后休息和犒劳百官随从之地，十分辉煌豪华，民间甚至称其为"不在故宫的故宫"。先农坛历经多年的沧桑，从源自农耕文化的创意到为帝王服务的建筑殿堂，再到现今的文物遗存，无不体现着自身的历史、文化和艺术价值。

先农坛位于内坛墙内的西北部，坐北朝南，为一座砖石结构方形平台，长宽各为 15 米，高 1.5 米，四面各出 8 级台阶。正殿五间在坛正北，殿内供奉先农牌位。神库、神厨分别位于正殿东西，神厨、神库之南、东、西各有井亭一座，为筒瓦六角盝顶，周围有红墙环绕，南墙正中有牌楼门一座，装饰以单昂单翘斗拱。每年的

①古代祭祀用的器物。

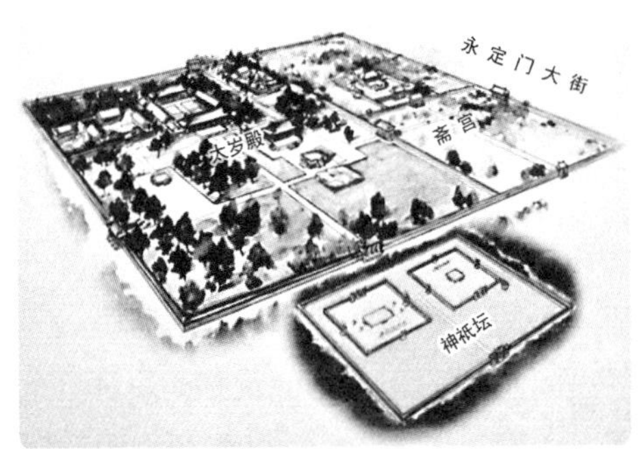

图 4-18　先农坛核心区俯瞰图

图 4-19　先农坛庆成宫（1901 年摄）

农历三月上亥日，皇帝要在祭门关“观耕”。俱服殿则是供皇帝祭祀前更衣并行耕耤之典的场所。

观耕台为清乾隆年间的构筑物，占地面积约 508 平方米，台高 1.9 米，东、西、南 3 面设 9 级台阶（图 4-20）。观耕台为皇帝亲耕完毕后观看王公大臣们耕作的观礼台。

皇帝祭祀先农神后亲耕的田地大小为一亩三分，位于观耕台的南方，流传至今的“一亩三分地”的说法便是由此而来。

先农坛的东北部为太岁殿（又名太岁坛）。太岁殿北侧的山川坛设置 13 座祭台，用来祭祀太岁、四海、雷电、山川等神灵。

先农坛北侧还曾有一座清真寺，其建于民国初年，中西合璧的设计很有特色，十分遗憾的是在 20 世纪 60 年代已遭拆毁（图 4-21）。

图 4-20　先农坛观耕台

图 4-21　先农坛清真寺（1931 年摄）

[五]

天桥——市井文化的聚集点

老北京的中轴线上有不少桥，如正阳门桥、天安门外金水桥、紫禁城太和门外的内金水桥以及地安门外的万宁桥（也曾称天桥，后又俗称后门桥）等。在这些桥中，最为老北京人津津乐道的，当然非永定门内的天桥莫属。

天桥是一座有着近 700 年悠久历史的古老桥梁，旧时天桥经历了多次改造。元代以前天桥一带属于金中都城东郊的一片荒野地，当年那里到处是水塘河湖，垂柳从密，莲叶遍布，一派江南水乡的风光。元代兴建大都城后，此地恰好位于元大都城的正南方，因此元代皇帝便将坛殿设在这片水域的南面。为了方便皇帝出行到郊坛祭祀，此处兴建了一座汉白玉的桥梁专供皇帝通行，一条御道纵贯于广袤的水域之上，平添了一道风景线。明朝迁都北京之后，朝廷将元代开辟的郊坛改建为天地坛，元代所建的这座桥成为皇帝祭祀天地的专用御路，“天桥”之名由此而来。清末光绪三十二年（1906 年），永定门内大街重建，天桥被改建为低拱石桥（图 4-22、图 4-23）。1927 年又因铺设电车路轨，其桥身被修平，后桥被拆除，只有地名留存至今。

当时在民间流行着一段《天桥词》：“水乡桥，汉白玉，石高雅，沟南北……”这段词恰好为人们探索天桥的修建时间、地点、材质等提供了宝贵的线索。

天桥一指桥，一指天桥这片区域。对于天桥，人们最熟知的要数这一带繁荣的

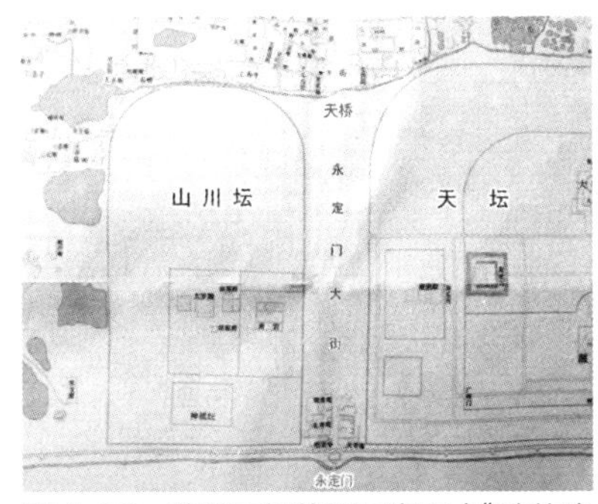

图 4-22　清代天桥位置示意图（《清乾隆北京城图》）

图 4-23　清代天桥原型想象图

商业和市井文化，但实际上天桥刚开始并非如此热闹，它的兴盛与前门一带的发展历程密切相关。数百年间，天桥地区经过了几次大的改造，才呈现出一派繁荣的景象。

清军进入北京后，总是担心满族会被汉族同化，于是实行了满汉“分城居住”的政策，原本居住在北京内城的汉族迁往外城，由此形成了“满汉分治、兵民分置”的格局。经过一百多年的发展，永定门以北、前门以南之间逐渐形成了一个以汉族居民为主，并且具有特殊文化基础与氛围的区域。

前门外一带迎来发展良机并带动了天桥周边的发展。当初永乐皇帝在前门外安排了数量相当可观的商户（廊房头条等胡同名即来源于商户做买卖的“廊房”）。再加上如今大栅栏一带在元代时就是比较热闹的商业区，元大都建在尚未完全废弃的金中都的东北方，金中都旧城便发挥了建设基地的作用。大都建成后，旧城与新城并用，不少街市、居民区以及寺庙、治安司法机构等仍保留沿用至明朝。由于新旧城并用，两个都城里的居民和官员频繁往来，在各城门之间形成的斜径便道便逐渐演化成街道，从而形成了极具生活气息的斜街区域。如今北京前门外众多的斜街，如棕树斜街、杨梅竹斜街、铁树斜街、樱桃斜街等即由此而来。后经逐渐发展，这一带更加繁盛。

到清代乾隆年间，前门外的商业区不断向南延伸到了天桥一带，清廷对于这一带的商业发展也大加鼓励。乾隆四十二年（1777 年），前门外鲜鱼口一带发生火灾，烧毁商铺无数。火灾发生后曾有御史建议借机将商业用房收归官用，但这一提议未被乾隆皇帝采纳，在乾隆皇帝的关照鼓励之下，所有商铺均重新开业，并愈加兴旺。

1927 年国民政府在南京成立，政府南迁，北京不再作为首都，并更名为北平。此后，天桥地区的发展再次受到影响（图 4-24）。1934 年，天桥被拆除。1937 年，日军占领北平后，城南游艺园被改为屠宰场。天桥一带，除了一些流动摊贩、露天卖艺的场子以及小吃摊以外，基本见不到其他的商业设施。但天桥当年的繁华场景，仍存留于市民的心中。大作家张恨水对天桥十分了解，写出了以天桥为故事发生地的传世小说《啼笑因缘》。

清代天桥作为宣南地区与宣南文化的标志，有 3 处特别值得一提。

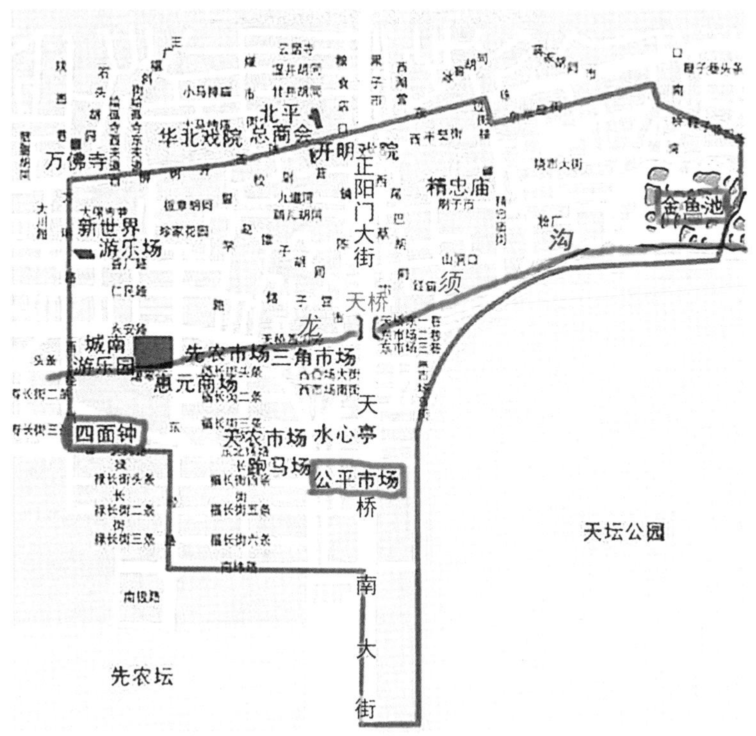

图 4-24　民国时期老天桥地区平面图

1. 龙须沟金鱼池

如果把北京城比作一条龙，那么天桥就是龙鼻子，天桥下的这条河流则是龙须，因为这条水沟的水道较窄，且是弯弯曲曲的，很长，犹如龙须，故称龙须沟。

以前这一带地势东高西低，河水由东向西流淌，御路西面的先农坛坛根下常年积臭水，北京的天气又多风沙扬尘，刮过来的沙土常累积在天坛西坛墙，这些累积的尘土又被吹到天坛西侧的斋宫里。据说，有一天，乾隆皇帝到天坛祭天途经天桥时，突闻臭气熏天，便问随行官员臭气来自何方？随行群臣们回禀道，天桥跨越之三里河、龙须沟，有待疏浚。乾隆命轿夫落轿，他从轿上下来，站在天桥之上，目睹桥下方的一潭死水滞流，十分恼火。祭天回宫之后，他找来河臣询问其事，并有言“河治民始安”。于是乾隆三十二年（1767 年），户部奉命拨出白银 17 万两，增建外城沟渠约 3 万米。待河槽相对稳定、水流始见通畅后，皇帝又命兵部调集数以千计的清军配合河工一起加宽三里河、龙须沟河道，并彻底清除淤泥垃圾、筑护堤，在沿河两岸植树。经过整治之后，御道（天桥南大街）呈现出一派花红柳绿的景致，环境大为改善。后有文人诗曰："种柳开渠已十年，旧闻应补帝京篇。天桥南望风埃小，春水溶溶到酒边。"

乾隆皇帝对这一改造非常满意，在乾隆五十六年（1791 年）亲自撰文题写了《正阳桥疏渠记》，立碑于天桥之东。碑上的铭文大意是：朕赴天坛祭天，在天桥之上看到桥下滞流积水很多，祭毕回宫，即命河臣亲理其事，对河道展宽、清淤，保障河水畅通无阻，从河底挖上岸的堆积如山的淤泥，平整成两岸通行车马的道路，还植了许多柳树，从而使"渠有水而山有林，且以御风沙，弗致堙坛垣，一举而无不便，向来南城井多苦水，兹胥得饮渠之清水为利，亦溥而都人士之游涉者咸谓京城南惬观瞻增佳景，然予之意原不在此也。"乾隆皇帝遂又命人重新复刻永定门外燕墩的《帝京篇》，石碑立于天桥之西（图 4–25），天桥的桥头东西两侧各有一座石碑。碑体均为方柱形，高约 8 米，四面各宽 1.45 米，顶有四角攒尖式碑首，四角垂脊各雕刻一条飞龙，昂首欲飞，碑下为束腰须弥座，浮雕覆仰莲瓣及云龙、菩提叶等纹饰，有着非凡的风韵。于是，天桥的气势形似国门，该巨碑现存放在天桥东侧的弘济寺山门内，天桥复建后，这两座石碑也被复刻，当年一桥两碑的格局再现（图 4–26）。

遗憾的是，后来嘉庆皇帝下令将天桥水渠填平，龙须沟的水不能经过水渠流到永定门外的护城河，最终又成为无出口的死水。每到春夏之交，天桥附近便积水严重，

图 4–25　天桥的乾笔御笔《帝京篇》

图 4–26　新建的天桥南御路（桥原址南移 40 多米）

“明沟秽水，臭气熏蒸”（图 4–27），周边污浊的环境给天桥一带的发展带来很大影响。直至清末民初，由于厂甸进行改造，原在此处举行的庙会暂时迁到天桥西侧的香厂，之后，部分商户直接将摊位就近搬到天桥和金鱼池附近，天桥周边的商业才得以逐渐恢复。20 世纪 20 年代，随着城南地区的整治建设不断进行，电车开始出现，使天桥一带的交通价值凸显出来。天桥周边的臭水洼都被填平，马路也被整修，这里形成了天桥西市场和天桥东市场。再加上先农坛北墙拆除后形成的城南游艺园以及先农坛坛墙北侧政府兴建的香厂新市区，使天桥一带逐渐成为外城最为繁华的商业区。1949 年后这一带先后经历了三次改造，居民的生活环境得以逐步改善。

大文豪老舍笔下的很多作品均是以南城百姓生活为背景，他的代表作《龙须沟》表现的就是这块土地上百姓苦楚的生活。现今金鱼池小区的居民还专门为他立碑纪念（图 4–28、图 4–29）。

图 4–27　龙须沟旧况

图 4–28　金鱼池小区新貌

图 4–29　金鱼池小区居民为老舍先生立的纪念碑

2. 四面钟

四面钟是老天桥的标志性建筑。1920 年前后，天桥一带为赶时髦也修建了几座新式楼房，四面钟即是其中一个典型。

四面钟建于民国初年。关于四面钟的由来，还有一段有趣的传闻。当年四面钟的北侧有个新世界游乐场，因提供的游乐项目多种多样，加之其罕见的西洋建筑样式，游乐场颇受北京各阶层人士的青睐，因此游人如织。这一盛况引起了另一位商人的兴趣，他在新世界游乐场的南面又修建了一座城南游艺园，所设的游乐项目在当时均为首次亮相京师的“洋玩意”，并且聘请了外国设计师画设计图纸，同时还建造了一座外形如锚的四面钟楼（图 4–30），意图拴住北面船形的新世界游乐场。四面钟落成后，游人接踵而至，热闹非凡，当时城南游艺园和新世界游乐场的生意都十分兴旺。只是数年后新世界游乐场遭逢一场大火，只得关门歇业，加上时局变更，首都南迁，城南游艺园也随之撤销歇业。它的标志性建筑四面钟也遭破坏，四个大钟表被挖走，钟楼上留下四个大黑洞。直至中华人民共和国成立后，因天桥地区开辟街道，位于现今北纬路中间的四面钟被拆除，这一昔日的城南标志性建筑物也渐渐淡出人们的记忆。

四面钟于 2003 年复建，它由著名古建专家王世仁老先生依据老照片、按原状完成设计。只是此次复建时，建筑的位置有所移动，依据规划其高度也略有降低。按原样异地复建的四面钟重现了老天桥的地标胜景，代表着昔日的天桥文化，成为一个时代的见证（图 4–31）。在复建的“四面钟”地下广场还有“天桥文化印象博物馆”，它向人们讲述了这一地区的文化故事。

图 4–30　天桥四面钟（1920 年）

图 4–31　复建的天桥四面钟

3. 公平市场

天桥是北京的“门脸儿”，由名目繁多、热闹非常的各式市场组成，著名的公平市场就是其中的重要组成部分。

天桥市场以天桥南大街为界分布于天桥的东西两侧，路东沿天坛的北坛墙外是天桥东市场，始建于民国三年（1914 年）。公平市场在天桥南大街路西先农坛东门外，在现北京自然博物馆对面的位置。1959 年 1 月投用的北京自然博物馆堪称当年的国家级博物馆，它的建成为天桥地区引入了科学文化的新风。

这里的摊子所售商品从估衣、布匹、木器，到蔬菜、鲜肉等一应俱全，每天早晨都非常热闹（图 4–32）。《北平风俗类征》中有这样的记载："吃食摊在天桥公平市场，陈列甚多，一个个地毗连着，很少留出空隙，只是中间有一条窄道留着走人的地方，以便游人通行。"在天桥市场内支个棚子，摆上几张长条桌、几个长条凳，这酒摊、饭摊、茶摊就算开张了。《旧都百话》中写道："北平之天桥沿大街空地上之饭摊，一边是炉灶，一边就是矮凳客座。饭摊主人自为厨师，又兼招待，其所卖者为大饼、豆汁、肉包、灌肠、杂面，专备各机关人役、小贩、车夫聚餐之需要。香喷喷、热腾腾的荤素大全，长衣短褂，连吃带喝之兴会淋漓。旧都繁荣，赖有此耳。虽贵人雅流，不屑一顾，然吾人则视此为社会群众之饭店也。"

旧日的公平市场内还有丹青、小小、万盛、天乐、中华、小桃园等演出场所，杂耍、曲艺等各种演出及棋书茶馆一应俱全，是劳苦大众游乐的好去处。民国后期，民间艺人焦金池和"小金牙"罗沛霖，著名摔跤手沈三、宝三，说《西游记》的老云里飞及其子小云里飞，说北京琴书的关学增以及相声大师侯宝林，唱评剧的新凤霞，唱奉调大鼓的魏喜奎，说快板的高凤山，唱单弦的曹宝禄，说评书的连阔如，滑稽双簧孙宝才（绰号大狗熊），要大刀的张宝忠，神鞭气功大师朱国全及戏法大师杨小亭等，均在此献艺。如今的天桥市民广场上还有八个天桥艺人"八大怪"的铜塑像。

图 4–32　1960 年的公平市场

[六]

法源寺——京城最古老的巨刹之一

法源寺东西宽 76~103 米，南北长 220 米，占地面积约 6 700 平方米。该寺堪称千年古寺。

1. 悠久的历史

法源寺建于唐贞观十九年（645 年），是唐太宗远征高丽时为了抚悯和悼念阵亡将士，于唐幽州镇城东南隅城东门之东建造了这座寺院，取名悯忠寺（图 4−33）。原先寺的东西两侧建有双塔，相传为安禄山、史思明所造。唐中和二年（882 年）寺毁于火，之后不久重建，主体建筑改为观音高阁。宋钦宗赵桓被金兵掳后曾囚于此。此寺毁于元末，明正统二年（1437 年）重建，被赐名崇福寺，正统十年（1445 年）寺后建藏经阁。清廷崇戒律，在此设戒坛，清雍正十一年（1733 年）该寺再次重修，该寺被定为律宗寺庙，传戒法事，并正式更名为法源寺。乾隆四十五年（1780 年）该寺又重修。现在大部分建筑是清代盛期时所建。自唐朝以后，该寺虽经历代重修，但寺址至今未曾变动，为研究人员考察唐幽州城遗址提供了极为珍贵的线索。

2. 别致的建筑群

法源寺坐北朝南，山门由正门及两座旁门组成。正门为砖结构，面阔一间，歇山顶，门口有石狮两座。旁门为悬山顶，带雕花正脊。山门对面有通长砖砌影壁，两侧为八字影壁。寺内共有三进院落。

天王殿坐落在第一进院落的北部，殿内雕梁画栋，东西两侧有四大天王的雕塑，它们都以威武的姿态守卫着寺院。

穿过天王殿走进第二进院落，可以看到雄伟、华丽的大雄宝殿，它坐落在一个“凸”字形的高台上。大雄宝殿坐北朝南，东西面阔五间，南北进深三间。

第三进院落的主要建筑是藏经楼，上下两层均东西面阔五间，南北进深三间。建筑有朱红色的墙体、青灰色的庑殿顶、朱红色斜方格槅心的门窗。东西两侧有“7”字形朱红色小楼，扶廊把小楼和主楼连接成一体，使建筑显得格外紧凑和别致。

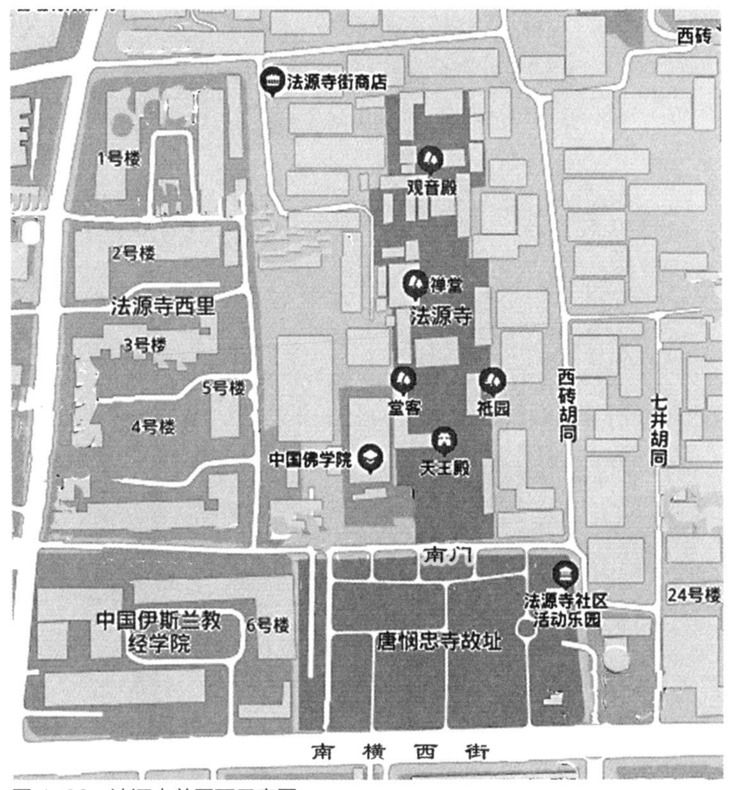

图 4-33　法源寺总平面示意图

3. 精致的彩绘装潢

大雄宝殿高大宽敞，雄伟壮观，雕梁彩栋，辉煌华丽，金线和玺彩绘在阳光的照耀下放射出金色的光芒。檐下布五踩重昂斗拱，建筑为歇山顶，有灰色的筒瓦、脊和吻兽。大殿东西面阔 5 间，正中供奉“华严三圣”，即毗卢遮那佛、文殊菩萨和普贤菩萨，其均为明代制作，木胎贴金罩漆。正中的毗卢遮那佛端坐在须弥座上，通高 3.97 米，为清代制品，木胎贴金。

藏经楼的檐枋和檐檩上均施以花卉和人物故事为题材的精美彩绘。现在楼上被开辟为佛教文物陈列室，陈列的文物中有东魏孝静帝武定六年（548 年）、西魏文帝大统十一年（545 年）、北齐后主武平元年（570 年）的石造像及明清时代的金铜造像、法服、法器等，还有珍贵的明永乐七年（1409 年）泥金字的《华严经》、明版《大藏经》、名贵的《贝叶经》以及明清水陆画。这些珍贵的文物充分反映了当时绘画、雕塑、纺织等方面的成就之大，同时也映衬了封建时代中国佛教艺术的水平之高。寺内悯忠阁见图 4–34。

天王殿（图 4–35）面阔 3 间，檐下为单昂三踩斗拱，为七檩硬山顶，殿前置铜狮两座。院内东西置钟鼓楼，2 层为歇山顶。上层檐斗拱为一斗二升交麻叶；下层檐斗拱为一斗三升，墙身有拱券门洞。木构饰以旋子彩画，前檐有雕花石券门窗口。殿内正中供奉着明代制作的弥勒菩萨化身——布袋和尚铜像，该铜像高 1.12 米，袒胸露怀，欢天喜地。弥勒佛背后是勇猛威严的护法神韦驮坐像，其为明代铜铸，高 1.7 米。两侧是明代铜铸四大天王像，十分珍贵，皆高 1.2 米。

2000 年，李敖所著《北京法源寺》出版后，在海内外广泛流传，使法源寺声名鹊起，无数佛教信众以及寻幽探古的游客都前来拜访。

法源寺目前为中国佛学院和中国佛教图书文物馆所在地，1983 年，由国务院确定为汉族地区佛教全国重点寺院。2001 年 6 月 25 日，法源寺作为清代古建筑，被国务院批准为第五批全国重点文物保护单位。

图 4–34　悯忠阁

图 4–35　天王殿

五、实录之二：核心段

［七］

正阳门——北京城门之首

正阳门是明清时期北京内城的正南门，因位于皇城和紫禁城的正前方，俗称“前门”，现存者为1906年重建的。在北京内城九门、外城七门中，正阳门的规模最宏大，规制最高，有“国门”之称。正阳门城楼面阔7间，为三重檐歇山屋顶，通高达42米。

正阳门是南城墙的中央大门（图5-1），也是迄今为止北京城最重要的城门。它坐落在皇宫的正前方，非凡的规模使其成为这座古都城中十分重要的历史载体和建筑地标。这座城门及与之相关的历史事件就可以写成厚厚的一本文史教科书。事实上，这座宏伟的古城门曾作为进出皇城的主要通道，是帝王和市井百姓生活的连接点（图5-2），只是如今我们只能看到一些残缺不全的遗迹。

正阳门的内涵极为丰厚，以下只扼要地从下述6方面介绍它的建筑和环境特征。

图5-1　正阳门全景（1900年摄）

图 5-2　正阳门外大街（1901 年摄）

1. 南中轴的终点

明清时期，北京的城市中轴线分南中轴线和北中轴线。南中轴线从永定门至正阳门，全长 3.13 千米。

从正阳门开始向北，才正式进入北京城的核心区域，正阳门是北京城的“门脸”，也是古城南中轴线的北端收头，更是整条古城中轴线的高潮节点。

2. 规制最高的城门

正阳门高 42 米，箭楼高 38 米，瓮城南墙的最大厚度有 24 米，是京城所有城门中最高大的防御性城门（图 5-3 ~ 图 5-5）。箭楼极为出众，尽管其形制与其他城门的箭楼相同，但体量相当宏大，因此，箭楼的结构部分得到了增强，倾斜的墙面在城台上的厚度为 2.5 米，3 排大立柱支撑着屋顶。外部为常规的重檐；上层为歇山式，其弯曲的屋檐向建筑的四角伸展开去，而下层屋檐建在第 3 层箭窗之上。两重屋檐都覆盖着明亮的绿色琉璃瓦，建筑整体气势不凡。

正阳门有北京内城九门中唯一开门洞的箭楼，专走龙车凤辇，以使皇帝赴天坛和社稷坛祭祀能走正南向笔直的“御道”，故有“龙门”之称。百姓若从正阳门进内城，需要绕到瓮城东西两侧，穿过门洞、瓮城和城门洞，才能进入内城。

这座城门曾经有一座巨大的“U”形瓮城，瓮城的四面各有一道门洞。北门位

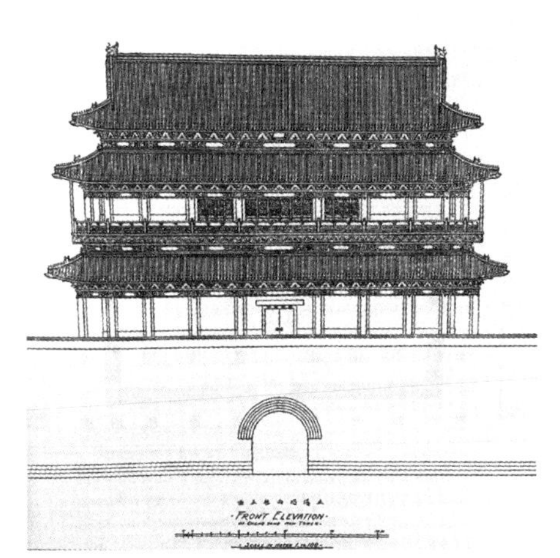

图 5-3　正阳门城楼正面（1924 年喜仁龙制）

图 5-4　1924 年改建前的正阳门箭楼侧立面（喜仁龙制）

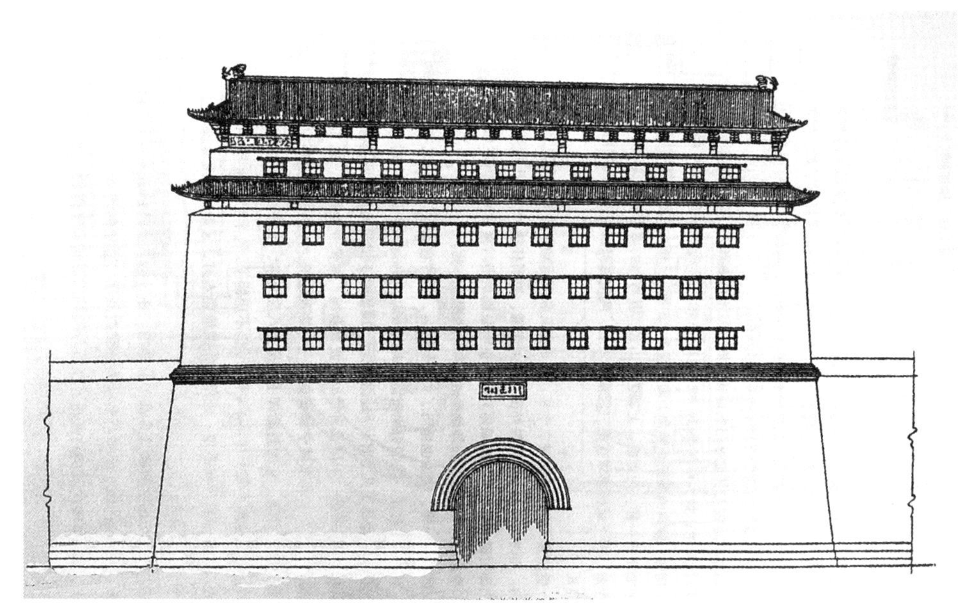
图 5-5　改建前的正阳门箭楼正面（1924 年喜仁龙制）

于城楼下方，正对着宫城的正门。与北门正对的是南门，位于箭楼城台中部，面朝护城河桥和前门大街，这是外城最主要的街道，这道门供皇帝专用；其他人只能通过瓮城两侧的旁门进出。瓮城长 108 米，宽 85 米，形成皇城的前庭，并通过棋盘街和千步廊与皇城相连。

在瓮城内正阳门门口，原有两座庙宇，东边为观音大士庙，西边为关帝庙，形似守门的哼哈二将（图 5-6）。据《北京寺庙历史资料》记载：观音大士庙占地约 700 平方米，佛殿及住房有 13 间，庙内有佛像 19 尊、神像 19 尊，有碑 4 座、碑刻两件。关帝庙占地约 700 平方米，供神像 14 尊，有画像一帧、神马一匹、青龙刀 3 柄，有碑 11 座、碑刻 10 块。

北京内城有“九门十庙”之说，在内城的 9 座瓮城内都建有庙宇。除德胜门、安定门供奉真武大帝外，其余各门均供奉关帝，正阳门西边的关帝庙规模最大，香火也最盛。正阳门关帝庙建于明代万历年间。庙前有雕刻精细的明代汉白玉石马。这座关帝庙因地处“国门”之旁，位置显赫，明清朝廷每年都有祭祀活动在此举行。皇帝在祭天坛、先农坛路过正阳门时必定驻足关帝庙上香祭祀，每年农历五月十三日民间传说的关老爷磨刀日，朝廷也必派大员前去祭祀。国家遭遇巨大灾难时，也会有祭祀仪式在此庙举行。外国使节朝谒皇上后，也会到此祭祀一番。当年明嘉靖皇帝嫌皇宫里的关帝像太小，命人重制一尊大像替换之，随后把换下来的那尊小关帝像赐给了前门关帝庙。老百姓得知庙中关帝像乃皇帝御赐，更加崇拜，以致求子

图 5-6　正阳门两侧的小庙（1906 年摄）

嗣者、求福求寿者络绎不绝。

3. 寸土寸金的前门大街

前门大街位于北京中轴线上，是皇帝出城赴天坛、先农坛的御路，前门步行街全长约 800 米、宽 20 米。它南起珠市口，最北端是正阳门箭楼，距天安门仅约 800 米。前门大街是北京古老的商业街道之一，元朝时丽正门（前门）外通往郊外的大道就是它的前身。明初北京城改建，城墙移至前门，前门大街就逐渐成为热闹的街道。明朝中叶，前门大街两侧出现了猪（珠）市口、煤市口、粮食店、鲜鱼口等集市和街道，总共聚集着大小 29 家老字号和 63 条各类胡同。前门大街这才成为一条名副其实的商业街区。穿插于两侧的鲜鱼口和大栅栏曾是集市所在地，带动前门大街成为繁华商业街。由于商业的发达， 前门大街一直是老北京最著名的地方，这里众多的中华老字号也印证了其悠久的历史和积淀。前门大街虽然经历了多次兵掠和火焚，但却历久不衰，虽经改朝换代仍繁荣如故。

前门大街还曾有两个别名——天街和金街。前门大街自明朝后，就成为北京城寸土寸金的宝地，曾是明清两代皇帝去天坛祭祀、先农坛演耕的必经之路，因此前门大街也被称为天街。乾隆有诗云："丽日和风调玉律，彩幡花胜耀天街"。清朝时期前门的珠宝市街是名副其实的"金街"，当时在这里，各地进贡来的金银被熔铸成官银，京城每天的金价也从这里公布出去，真可谓清朝北京的华尔街。

清朝时期，前门大街两侧的老字号曾让它成为北京城最热闹的地方。此处曾经有不少知名的店铺，如以经营绸缎、布匹、毛绒、皮货为主的北京"八大祥"中的瑞蚨祥、益和祥、瑞增祥、瑞林祥等。饮食文化也是前门大街的特色，清咸丰五年（1855 年）这里开设"便宜坊烤鸭店"，同治三年（1864 年）肉市"全聚德挂炉烤鸭店"开张迎客，光绪年间致美斋的馄饨、九龙斋的酸梅汤、六必居的酱菜、正明斋的满汉糕点、都一处的烧麦等都十分有名。民国以后，以卖酱羊肉闻名的"月盛斋"、老正兴饭庄等也纷纷迁到前门大街两旁，丰富了这里的饮食种类。前门大街正所谓"酒榭歌楼，欢呼酣饮，恒日暮不休"。

前门大街路西有一条铺陈市胡同。"铺陈"即破碎的棉织废品，多用来打袼褙，打好的袼褙可以用来纳鞋底。早年间铺陈市胡同 115 号曾有一座观音寺，现在其是大杂院，庙门上方有“古刹观音禅寺”字样。铺陈市胡同的北口还有一座基督教会的珠市口教堂，它始建于 1904 年，是南城唯一的哥特式教堂。

过了珠市口教堂，就是珠市口，最初这里是买卖生猪的交易市场，因而称“猪市口”。到了清代，猪市生意逐渐冷清，执政者为了给它起个文雅名，就把“猪市口”改为“珠市口”。它正好处于南北中轴线与东西珠市口大街交叉处，人来车往，十分繁华。乾隆年间珠市口西边还曾住着一位大官，就是一品大臣纪晓岚。

前门大街见证了明、清、民国直至中华人民共和国的时代变迁（图 5-7、图 5-8），上至帝王将相的微服私访传说，下至平民百姓的奇闻轶事都曾在此流传。总之，前门地区浓缩了老北京文化；前门大街也是一幅向世人述说老北京悠久历史的鲜活画卷，这里诞生了专属北京的生活场景。最传统、最纯正的京味儿均在前门大街。

现今前门地区被定位为“北京历史文化展示区”。2001 年北京市改造前门大街，建筑均仿建 1900 年以后建的建筑。复建的正阳门五牌楼由 6 根红色立柱撑起，每根底部前后各有一尊石狮子，这 12 只祥兽守护着这条街道。铛铛车变成观光旅游的工具，它的再现也算是对北京城的一种怀念。

4. 正阳桥

从图 5-7 上，可以清晰地看到当年的正阳门箭楼前有一座石桥——正阳桥。该桥建于明正统四年（1439 年），是中轴线上最大的石桥，桥身有三券拱，桥宽 30 余米。2021 年 9 月，箭楼东南侧出土了一具明代的镇水兽，据考古专家考证，它正是正阳

图 5-7 《乾隆南巡图》中的正阳门

图 5-8 前门大街（1954 年摄）

桥的镇水兽（图 5-9），这是京城传统中轴线的重大考古发现，也是古人治河的重要水利文物遗存。

图 5-9　正阳桥下的镇水兽

正阳桥桥面为 3 幅结构，幅间有汉白玉护栏分割，中间一幅桥面为“御道”，故正阳桥又称“三头桥”，整个桥面远宽于京城九门中其他各门的护城河桥。这一点可以从《乾隆南巡图》中得到印证。在《乾隆南巡图》中，正阳桥被 4 道栏杆隔成了 3 条道路，乾隆皇帝正是行走在桥面的最中间。如今护城河与正阳桥均已不在了。

5. 五牌楼今昔

在历史上，北京城的桥头总会有牌楼耸立，这些牌楼被称为“桥牌楼”，如团城西边西苑的“金鳌玉蝀桥”“积翠堆云桥”等，正阳桥南的牌楼就是著名的五牌楼(图 5-10）。前门牌楼的形制为五间六柱，在京师九门的牌楼中是规制最高的。

清末风云变幻，正阳门箭楼以及前门一带历经战火，但是这座木制的五牌楼却幸运地被保存下来。五牌楼也成为清末民初时前门一带的标志性建筑，很多那一时期的老照片中都有它的身影。

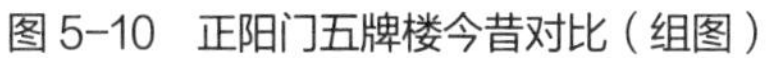

图 5-10　正阳门五牌楼今昔对比（组图）

五牌楼上原有“正阳桥”的匾额，匾额上满文在右，汉文在左。1900年左右，这块匾额不翼而飞，后来重镶匾额时，变成了汉文在右，满文在左。清朝统治结束后，匾额上只剩下“正阳桥”3个字，这体现着时代的变迁。如今，在前门箭楼以南，人们依然能够看到2007年复建的五牌楼，只是其材质由当初的木材改为耐久的混凝土。

6. 最多灾的城门

高大的正阳门是北京城的重要标志，雄伟敦实的箭楼连同厚重的瓮城一道构成了都城最重要的防线，但自然也饱受兵灾、火灾及内乱。

正阳门城楼在义和团运动时遭受破坏不久，又遭八国联军糟践。朱莉亚·布莱顿女士对当时的北京城是这样描述的：“在经历了几个月的包围之后，城楼也不慎起火，据说是由于印度军队的疏忽所致。中国人害怕厄运波及全城，匆忙开始重建，这实际上是自乾隆以来北京城中修复的唯一一处古建筑。城楼的重建历时近5年，场面颇为壮观。它的竹制脚手架足有8层之多，这令西方的建筑师们惊叹不已。搭建脚手架不用钉子、锯子，也不用锤子，而是竹竿交叠地绑在一起，从而使脚手架能达到任何高度，既不易受损或浪费木材，又最大限度地减少了搭建与拆除所需的劳力。”

1900年八国联军攻打北京，炮击正阳门箭楼，箭楼顶部遭到严重毁坏（图5-11）。1915年，袁世凯当政时改造正阳门、瓮城及箭楼。正阳门改造的设计者是一位名叫柯特·罗克格（Curt Rothkegel）的德国建筑师，他在原来方形的楼窗上，加上了西洋式样的窗洞券套装饰，并在箭楼东西两侧增加了两个悬空弧形月台（图5-12）。正阳门箭楼的窗洞虽然不再是原来的方孔，但拱形窗框也很美，与建筑本身浑然一体，也使得原来具有防御战斗性质的建筑，变成了具有观赏性质的艺术建筑。

正阳门一带作为京城的主要集市，又恰好位于城市的中心，它是连接内外城的枢纽。为了改善交通，前门最终遭拆改。

1915年，朱启钤奉袁世凯之令，冒雨主持了前门改造工程开工典礼。他手持银镐，刨下了瓮城的第一块城砖。这支银镐重3斤多，上面錾有“内务总长朱启钤奉大总统命令修改正阳门，爰于1915年6月16日用此器拆去旧城第一砖，俾交通永便。”

图 5-11　被毁的正阳门箭楼（1900 年摄）

图 5-12　罗克格设计的正阳门箭楼

最终，瓮城被拆除，前门箭楼重新修建，东西两侧各开了两个门洞。瓮城的东西两侧各有一座火车站，形成东西车站广场，如今前门东侧留下的火车站已经成为中国铁道博物馆，建筑外形依然保持着当年的风貌。

7. 中国公路的“零点”

1949 年后、随着国内公路网的建设发展需要，“零公里”的定点工作被提到了日程上。2006 年 9 月经国务院批准，正阳门门洞口南正式设置了公路“零公里”标志牌。其以古时“四方神”表征的方向，即青龙、白虎、朱雀、玄武分别代表东、西、南、北 4 个方向，使正阳门拥有了国之原点的崇高身份（图 5-13 ）。

图 5-13　正阳门门洞口的中国公路“零公里”标志牌

[八]

棋盘街——皇城的“前站”

在明清时期，北京的内城正阳门向北至皇城的正门之间有个小广场，它是进入皇城和紫禁城的前站，称为棋盘街（图 5–14、图 5–15）。

棋盘街作为北京内城中轴线上的第一个围合空间，有百余步见方，广场上的十字形通道的形状似方方整整的棋盘，故而称“棋盘街”。

棋盘街南至正阳门、北至皇城第一门大明 (大清) 门。大明门作为皇城的正南门也是“国门”的象征，其地位极为显赫，因为门内就是皇家的专用御道，皇帝、皇后、皇太后的龙车凤辇才能通过“棋盘街”，其他嫔妃的轿子只能通过后门神武门 (玄武门) 进出。

棋盘街的由来可以说是历史悠久。根据考古发现 , 元大都的南城墙位于现今东西长安街的南侧 , 而明清时期的棋盘街正好位于元大都丽正门外关厢地区 , 也就是处于元大都的中轴线南部延长线上。明永乐十七年 (1419 年)，原元大都关厢地区的棋盘街被圈进了城内 , 永乐十八年 (1420 年) 大明门建成 , 其被称为“皇城第一门”。门额上的“门”字没有钩脚 , 以示门前坦荡、长治久安、天下太平。同时，朝廷又修建了大明门向南到正阳门之间的“棋盘街”以及大明门向北至承天门之间的千步廊。

大明门在清军入关后更名为大清门，于乾隆年间重修。其为一栋单檐歇山顶的砖石结构建筑,形体庄重敦厚,有青白石须弥座、刷灰抹红砖墙,面阔 5 间,辟三券门,有黄琉璃瓦歇山顶、黄琉璃脊兽。1912 年 10 月 9 日 (辛亥革命一周年庆典的前一天) 大清门被改成中华门。

棋盘街的功能特殊，它是明清北京城不可或缺的重要节点。首先，棋盘街是交通枢纽，明清北京内城的核心地段都被皇城所占据 , 严禁庶民百姓穿行皇城，棋盘街因此便成为当时北京东、西城居民和内外城居民来往的重要通道，又是五府六部等庞大中央机构官员的聚散地。其次，棋盘街作为内城中轴线上向北的第一个围合空间，也为皇室、官员和平民阶层提供了一个难得的活动场所。棋盘街曾是明清时期北京城热闹的商业中心。《长安客话》描述 :“大明门前棋盘天街……天下士民

图 5-14 棋盘街位置示意图

图 5-15 1860 年棋盘街全景 [意大利菲利斯 · 比托（Felice Beato）摄]

工贾各以牒至，云集于斯，肩摩毂击，竟日喧嚣，此亦是国门丰豫之景。”明朝打破了“前朝后市”的传统规制，在大明门与正阳门之间的棋盘街形成了当时京城最大的商业中心，形成了商旅云集、买卖兴隆、热闹非凡的商业交融之所。棋盘街地处北京城内东、西两地交通要冲。随着明朝嘉靖时期北京外城出现，棋盘街东西各有侧路，中间两侧是丈余高的高墙，连接着东西的城门洞。两墙中间地带则是由五行八作的各界人士自发形成的小市集。1949 年初，棋盘街两侧丈余高的褐红色的高墙被拆掉，改成了广场，棋盘街消失了，其北端变成了当今举世闻名的天安门广场的一部分。

［九］
天安门——皇城的正门、国门的标志

天安门为皇城的正门，始建于明永乐十五年（1417 年），永乐十八年（1420 年）建成。它沿用了明南京“承天门”的形制与名称。此门原名“承天门”，取“承天启运”“受命于天”之意，清顺治八年（1651 年），此门改建后正式改名为“天安门”，取“受命于天”“安邦治民”之意。明代的承天门规制稍小，城楼面阔 5 间，进深 3 间，重檐歇山顶，城台辟有 5 个券门。清康熙二十七年（1688 年）重修时其规模扩大，面阔加大为 9 间，中间的明间宽达 8.5 米，城门楼面阔共 57.14 米，进深 5 间，连廊进深 27.05 米，四周用汉白玉栏杆环绕。城台高 12.3 米，长 120 米，宽 40 米，外皮抹灰涂朱。城台下有 5 个券门，中间券门高 8.82 米，宽 5.25 米，两侧的券门大小则依次递减。城楼建于汉白玉须弥座上，连城台通高 33.87 米。9 间城楼（九楹）与 5 孔券门（五阙）组合使用，有“九五飞龙在天”的寓意，代表帝王的“九五之尊”。天安门的门楼采用盖黄色琉璃瓦重檐歇山顶，檐角有仙人走兽 10 种，屋顶两侧山花刻有梨花绶带，油漆贴金，极为端庄辉煌（图 5-16）。

天安门的高大城台下部有 5 个拱形门洞，这便是天安门实际意义上的“门”，中间的门洞最大，等级也是最高的，门洞下即是御道，在明清时只有皇帝才可以由此门通过；其余 4 个门洞分列左右依次缩小，中间的门为宗室王公和三品以上的文武官员出入所走的通道；最外的两个门洞最小，各为四品及以下的官员所走的通道。

天安门前有一条小河——金水河，其名称与河水引自西边玉泉山的泉水有关，因《易经》中正西属金，故河称金水河。金水河上正对天安门的五阙门洞架有 5 座桥，正中为宽阔的御桥，为皇帝出入所专用。

天安门城楼面前是封闭状态的宫廷广场，古时文武百官到此下马，庶民百姓不得入内，如有探头眺看者，即犯“私窥宫门”的死罪，格杀无赦。对庶民百姓来说，这里是一个禁区。在明清两代的约五百年间，国家有重大庆典时会在天安门举行“金凤颁诏”仪式。这里是新帝登基、皇后册封而颁诏天下的地方，是皇帝金殿传旨、招贤取士的场所，也是皇帝赴太庙祭祖的必经之路，因此，天安门既集古代建筑艺术之大成，也生动体现了封建等级制度。

这里还需介绍一下天安门前的“皇帝卫士”——两只石狮子。石狮是中国传统建筑门前必不可少的建筑小品，天安门前的两只石狮是明永乐十八年（1420 年）建成的，气势极为雄壮，比清代及以后所设石狮的风格要霸气得多。东侧为雄狮，脚蹬绣球，寓意寰球在下、皇权至高无上，“一掌定乾坤”；西侧为雌狮，脚踩小狮子，意为母仪天下、子孙绵长，“后继有人”（图 5–17、图 5–18）。

图 5–16　天安门（1915 年摄）

图 5–17　天安门前东侧的雄石狮

图 5–18　天安门前西侧的雌石狮

天安门在历史上可谓是多灾多难。明天顺元年（1457 年）七月，承天门遭火灾，被焚毁，1465 年再次重修；1644 年承天门再次毁于兵火，除风雨侵蚀自然损坏之外，其还曾遭遇过八国联军炮击以及地震等的破坏。

1949 年 8 月，为迎接开国大典，天安门城楼被整修，此后又经多次修缮，原先坐落于金水桥桥头的华表和石狮向两侧挪了 150 多米，使天安门前的环境由以前的封闭式改变为现在的开敞式。1969—1970 年，天安门彻底落架大修，主要原因是门楼的木质构件年久失修、局部腐蚀，出于安全方面的考虑进行大修。天安门城楼的重建工程自 1969 年 12 月 15 日开工，到 1970 年 5 月 1 日前竣工，整个工期用了 112 天。重建之前天安门高度为 33.87 米，1970 年落成时加高了 0.83 米，变成了 34.70 米。为什么重修的天安门城楼比原来“长高”了 0.83 米？这是因为天安门多年以来下沉了，可以说现在的天安门的高度才与初建时的高度相同。天安门的建设历史沿革见表 5–1。

表 5-1　天安门的建设历史沿革简表

序号	建设时间	名称	注
1	1417—1420 年	承天门	明代初为 3 层 5 间式样的木结构牌楼
2	1465 年		面阔九间、进深 5 间的重檐歇山式城楼
3	1644 年		清代沿用明代城门风格
4	1952 年	天安门	天安门开始逐年大修
5	1970 年		落架大修

天安门是中国的象征之一，也是世界闻名的中国标志性“国门”建筑物（图 5-19、图 5-20）。1961 年，天安门成为国务院公布的第一批全国重点文物保护单位。

图 5-19　天安门前飞虹

图 5-20　菖蒲水映天安门

天安门北侧还有一座端门，它的形制与天安门大致相同，其两侧各有廊庑 26 间。城台连城楼通高 33 米，面阔 9 间，进深 5 间，为黄琉璃瓦重檐歇山顶。它始建于永乐年间，起初为三券门，清康熙六年（1667 年）重修，康熙二十八年（1689 年）重建，增筑城台、城墙，开五券门。1955 年，端门又进行大修。

附：天安门广场的改建

1952年，为改变旧时封闭狭小的广场，将专为封建皇室服务的封闭性宫城改造成开放性活动场所，阻碍游行活动的长安左门和长安右门被拆除；1954年11月至1955年5月，广场中部的“千步廊”东西红墙被拆除，广场南部被扩展，天安门前两侧增建了观礼台。按照建筑大师张开济设计的方案，观礼台的建筑形式及色彩与天安门的城台相协调，东西分别有7座台，可容纳21 000人观礼。

为适应大众活动的需要，中共中央政治局曾经对天安门广场的规划提了3点要求：①天安门广场及东西长安街要求无轨无线；②要考虑路面经得起重型坦克在上行驶，为了战备需要，紧急时刻能在长安街上起降飞机；③道路及广场要求“一块板”，以便于游行集会，广场区的地面市政管路全部入地，改为地下的，建成国内首条市政“共同沟”。

天安门广场红线宽度为500米（人民大会堂至原中国革命历史博物馆的距离），广场的深度为860米（天安门至正阳门），比例为5:8.6，接近“九五之尊”的尺度；折合1:1.72，与1:1.618的“黄金比例”几近相合（图5-21）。

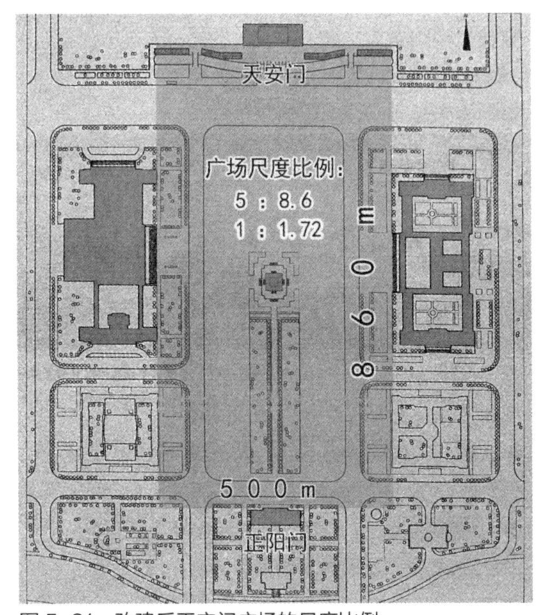

图5-21　改建后天安门广场的尺度比例

天安门广场的改建是与人民英雄纪念碑、人民大会堂、中国革命博物馆和中国历史博物馆一并考虑的。

天安门广场的改建是从人民英雄纪念碑的建设开始的。1949年9月30日，中国人民政治协商会议第一届全体会议决定，为了纪念在人民解放战争和人民革命中牺牲的人民英雄，在首都北京建人民英雄纪念碑。人民英雄纪念碑于1949年9月30日奠基，1952年8月1日开工，1958年4月22

日建成，1958 年 5 月 1 日揭幕。纪念碑通高 37.94 米，正面（北面）碑心是一整块花岗岩，长 14.7 米，宽 2.9 米，厚 1 米，重 60.23 吨。纪念碑由台座、须弥座和碑身 3 部分组成，碑身正面镌刻着毛泽东同志 1955 年 6 月 9 日所题写的“人民英雄永垂不朽”8 个鎏金大字；背面碑心内容为 150 字小楷字体碑文；须弥座四面镶嵌着 10 幅巨大的浮雕，分别以“虎门销烟”“金田起义”“武昌起义”“五四运动”“五卅运动”“南昌起义”“抗日游击战争”和“胜利渡长江”为主题，在“胜利渡长江”的浮雕两侧，另有两幅以“支援前线”和“欢迎人民解放军”为题的装饰浮雕。它们表现出了中国人民百余年来反帝反封建的伟大斗争史实。纪念碑由闻名中外的建筑大师梁思成和林徽因夫妇精心设计（图 5-22）。材料选用山东青岛东郊浮山上的花岗岩，重 300 吨，用枕木和滑轨运下山，通过青岛市的货运站于 1953 年 10 月 13 日上午运送到了北京前门西车站。人民英雄纪念碑的设计和建造凝聚了中国人民的集体智慧。1961 年 3 月 4 日中华人民共和国国务院公布其为第一批全国重点文物保护单位。

为庆祝中华人民共和国成立十周年，中央设想在北京建设一批包括万人大礼堂

人民英雄纪念碑设计人梁思成、林徽因

图 5-22　人民英雄纪念碑

在内的重大建筑工程，并要求这些工程在1959年国庆节时投入使用，这便是举世闻名的“国庆十大工程”（分别为人民大会堂、中国革命历史博物馆、中国人民革命军事博物馆、全国农业展览馆、北京火车站、北京工人体育场、民族文化宫、民族饭店、钓鱼台国宾馆、华侨大厦）。1958年，各方面“把首都北京建设得更好”的呼声高涨。由于各省、自治区、市对此事极为关注，故各地被邀请的30多名建筑专家于9月10日就全部抵京。有关部门还邀请梁思成先生牵头做中国革命历史博物馆的设计方案、杨廷宝先生牵头做人民大会堂的设计方案。项目只有一年的工期，时间十分紧迫。

天安门广场的规划设计确定了人民大会堂在广场西侧，面向东方。在这一过程中，设计人员始终遵循周总理“古、今、中、外一切精华，皆为我用，中国人民之所以伟大，就是因为我们能吸取世界一切好的东西”和“适用、经济，在可能的条件下注意美观；以人为主，物为人用”的指示，先后提出了30多个方案（图5-23）。

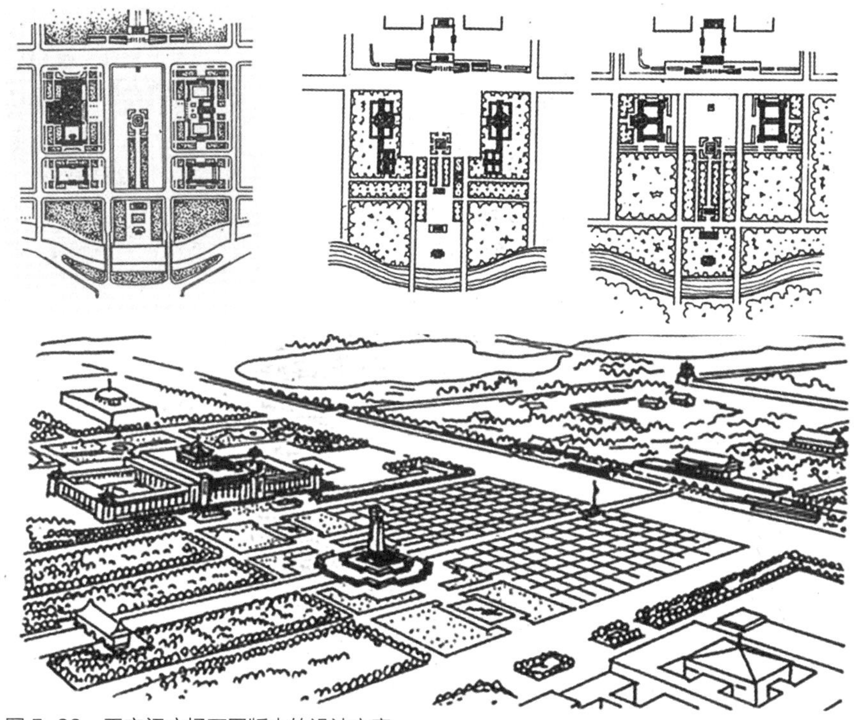

图5-23　天安门广场不同版本的设计方案

人民大会堂的立面采用实廊和平面为圆形的廊柱，而革命历史博物馆则采用空廊和平面为方形的廊柱，二者在统一之中有变化和对比，遥遥相对，体量匀称，相得益彰。由此可见，此工程不仅需要重视单幢建筑的美观问题，而且还应注意建筑群体的美和全局的美。

建筑大师梁思成认为，建筑艺术风格的优劣顺序应是中而新、西而新、中而古、西而古。人民大会堂是“中而新”的成功建设实践。

人民大会堂是由北京市建筑设计院原总建筑师张镈主持设计的，位于北京市中心天安门广场西侧，南北长 336 米，东西宽 206 米，高 46.5 米，占地面积 15 万平方米，建筑面积 17.18 万平方米，1958 年 10 月 18 日开工，1959 年 9 月建成。其造型平展，平面对称，高低组合，柱廊、屋檐及台座等采用中国传统的风格（图 5–24），与 450 多米外的天安门协调统一。

图 5–24　人民大会堂

人民大会堂在中国人心中占据了重要的位置，它长久地牵动着人们的心。它带给人的感受用作家冰心的这句话来概括最为准确：“走进人民大会堂，使你突然地敬虔肃穆了下来，好像一滴水投进了海洋，感到一滴水的细小，感到海洋的无边壮阔。”

与人民大会堂相对的中国革命历史博物馆，它由北京市建筑设计院原总建筑师张开济主持设计，为了与天安门广场和人民大会堂的巨大尺度相称，建筑采用了“目”字形格局，中央面向广场部分为柱式门廊，以期把天安门广场空间融入内院，并与人民大会堂遥相呼应（图 5–25）。

图 5-25　中国革命历史博物馆

我们从天安门广场的建筑设计实践中可以得到以下 4 个启示。

启示一：始终贯彻正确的建设方针

该规划和设计自始至终贯彻了“适用、经济，在可能条件下注意美观”的方针。

启示二：按科学发展观搞建设

“国庆十大工程”是特殊时代的特殊产物。由于它的政治意义，设计和施工都是精心进行的，利用了本被视为禁忌的“三边”工作法（边设计、边备料、边施工）和人海战术，终于使它们的建设如期完成，这本身便是壮举。但在今天来讲，如何科学、民主地决策大型工程，如何更加周密地按科学和经济规律进行建设，值得深思。

启示三：重视建设的接地气、本土化

天安门广场完全采用中国建筑师的设计方案和建造技术，创造出了高档的有艺术风格及科技含量、代表国内最高水准的建筑。

启示四：永远坚持质量第一

当时没有抗震设计等一系列规范，而这些建筑用材良好，施工精准，质量上乘，几十年来虽经历了大震大难，但仍昂首耸立。

总之，天安门广场的建筑群在国内外产生了非常大的影响，它们成为中华第一街——长安街上的经典作品及亮点。

随着天安门广场使用功能的拓展，升降国旗仪式、旅游观光、文化体验等活动使得人们在广场活动的时间延长，原先“一块板”式的广场布置已不能满足群众的需求，晒（无遮阳）、饿（不能就餐）、渴（没有饮水处）、憋（去厕所不方便）

等现象严重，笔者在1998年曾受托编制天安门广场的改善规划，规划在广场地面增加绿地和水池面积，并开辟地下层，设置餐饮设施、售货设施、卫生间及停车库(图5-26）。

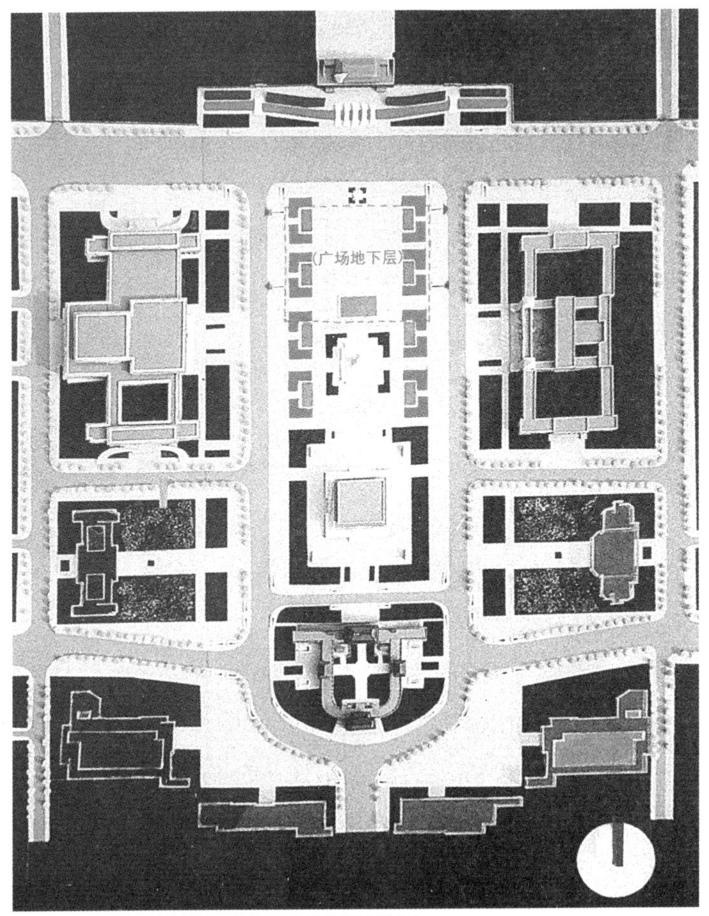

图5-26 天安门广场改建方案（杨振华编制）

[十]

太庙——皇帝的家庙

遵循“左祖右社”的建都规矩，明清北京城在紫禁城前面两侧有两组重要的建筑群，分别是太庙和社稷坛（图 5-27）。宫城东南侧的太庙用以奉祀皇帝历代祖先，是明清两代皇室皇帝举行祭祖典礼的地方，是皇权世袭神圣不可侵犯的象征（宫城的西南方则为祭祀土地神、五谷神的社稷坛）。

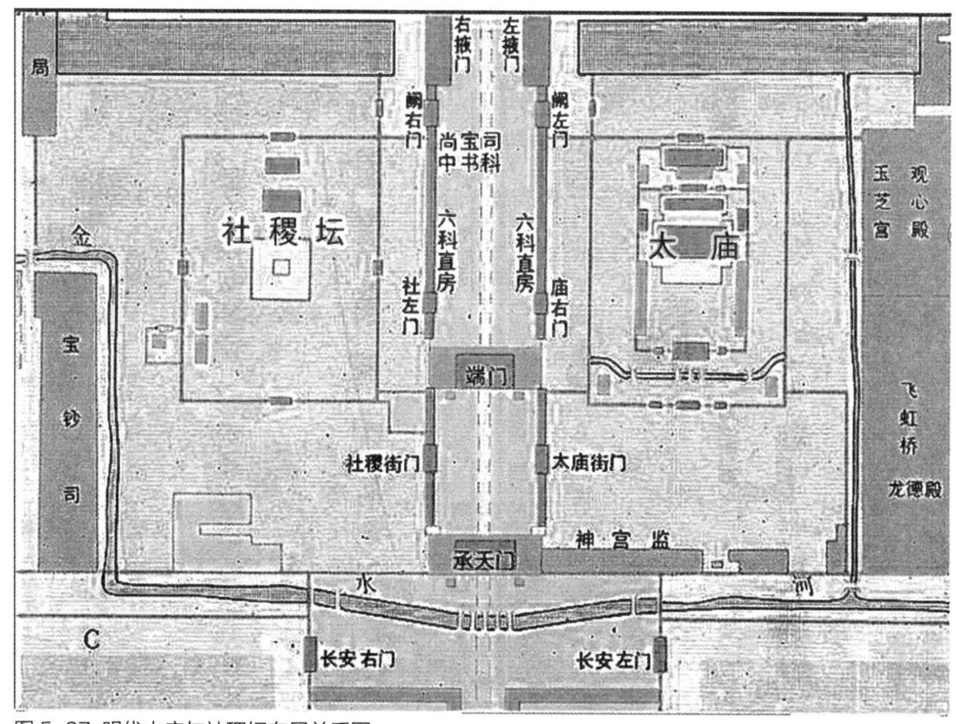

图 5-27 明代太庙与社稷坛布局关系图

1. 太庙的功能

清代沿袭明制，均在太庙供奉祖先神主，太庙是明清两代皇帝祭祖的家庙。居中的大殿称前殿，是存放众神主合祭祀即“祫祭”的祭场，它是太庙中最高大的建筑，规制与紫禁城中的太和殿一样，为黄琉璃筒瓦重檐庑殿顶。在它的两侧各有 15

间配殿。东配殿供奉着历代有功的皇族神位，西配殿供奉异姓的功臣神位。中殿在前殿之后，又称寝宫，清代在此供奉历代帝后神主。后殿与中殿形制相同。此外还有神厨、神库、宰牲亭、治牲房等附属建筑。前殿和中殿建在一个“土”字形汉白玉台基之上。

2. 太庙的规制

太庙建筑的总平面是呈南北向的长方形，占地总面积为 13.99 公顷（图 5-28~图 5-30）。

太庙内外共有 3 道围墙，均为琉璃瓦顶红墙身的高墙。最外一道围墙南北长 475 米，东西宽 294 米。围墙内为太庙外院，院东南角有一个西向小院，为太庙牺牲所，房舍及门楼皆为覆盖着黄琉璃瓦的歇山顶。

第 2 道围墙南北长约 270 米，东西宽约 206 米。南墙居中有一组琉璃砖门，均为黄琉璃瓦庑殿顶；中间有正门 3 座，有拱券式门洞，两侧还有旁门各一处，为过梁式门洞。门内有 7 座单孔石桥，有汉白玉石护栏，桥下原来无水，为干沟，清乾隆二十五年（1760 年）引金水河流过才成河。最外侧的两座桥桥北各有一个黄琉璃瓦六角盝顶的井亭。在院落的南端，东有神厨，西有神库，均为五开间黄琉璃瓦悬山顶房屋。院内最北侧的后殿是供奉皇帝远祖牌位的场所，又称“祧庙”。

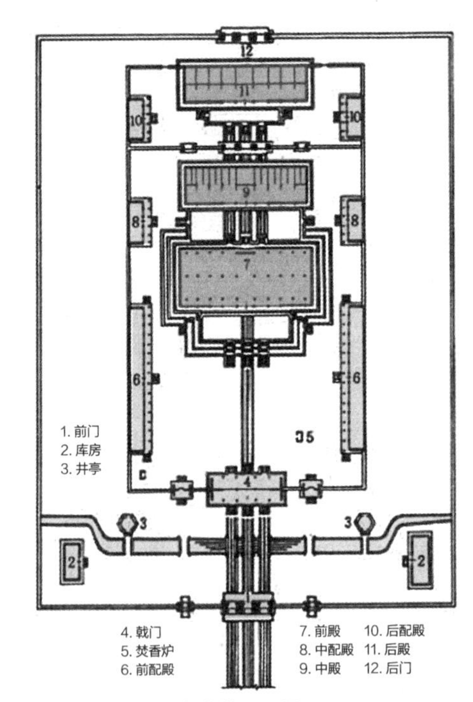

图 5-28　北京太庙总平面图

石桥往北进入第 3 道围墙的南门，即为前殿的正门戟门，戟门内的中轴线上布置前殿、中殿和后殿，戟门面阔 5 间，正中 3 间为 3 座大门，为黄琉璃筒瓦庑殿顶，有 3 层汉白玉石台基，四周有石护栏，当中有汉白玉石雕御

图 5-29 太庙前的跨河桥

图 5-30 太庙大殿（前殿）

路，东西旁门各一座。戟门的屋顶曲线平缓，出檐较多，与一般清代的建筑相比具有明显的明代遗韵。

太庙的主体建筑为前殿，它是供奉皇族祖先的圣殿。大殿面宽 11 间，进深 6 间，建筑面积达 2 240 平方米；殿前有月台，殿基为 3 层汉白玉须弥座，俗称“三台”，3 层台基均有汉白玉护栏围绕，望柱头雕有龙凤纹，台基正中有 3 层汉白玉石雕御路，极为雄伟。中殿为黄琉璃筒瓦单檐庑殿顶，面阔 9 间，天花板及廊柱皆贴赤金花，装饰精美，气氛庄重。在中殿的东西两庑各有 5 间配殿，它们是贮藏祭器的地方。后殿自成院落，殿前有红墙同中殿隔开。此外还有门、神库、神橱、宰牲亭、井亭、汉白玉石桥等。皇帝祭祀太庙时所走路线是从午门至天安门御道东侧的阙左门进入太庙街正门的。皇帝斋戒于斋宫。祭日时刻，皇帝御祭服，乘礼舆出宫。明嘉靖二十年（1541 年），九庙中的八庙被焚，仅存睿庙。明嘉靖二十四年（1545 年），新庙重建，“同堂异室”的合祀制度恢复。

朱棣为了营建太庙，当时使用了很多极为名贵的金丝楠木。金丝楠木只生长在海拔 1 500 米左右的亚热带地区的湿谷、山洼及河床旁，主要产于四川、湖北西部、云南、贵州等地，以四川的金丝楠木材质最佳。金丝楠木从树根到树梢基本一般粗细，木材表面在阳光下金光闪闪，金丝浮现，且淡雅幽香，纹理直且结构致密，不易变形和开裂，是当之无愧的栋梁之材。金丝楠木的最大特点就是千年不腐不蛀，不变形。在历史上金丝楠木专用于皇家宫殿和少数寺庙中。金丝楠木被砍伐后，还得等待雨季，借助山洪的力量才能被运出深山峡谷。太庙的 68 根大柱及主要梁部件全部为金丝楠木，大殿也是以名贵的金丝楠木为主体，甚至超越了紫禁城太和殿的规格。

太庙周边广植古柏，在第一重和第二重围墙之间是葱郁古老的柏树，树龄大多有数百年，它们苍劲古拙，千姿百态，清幽宁静的环境营造了沉静肃穆的氛围。

3. 太庙的沿革

太庙始建于明永乐十八年（1420 年），至今已有 600 多年的历史，明嘉靖二十四年（1545 年）重建，清顺治五年（1648 年）重修，此后又进行过多次改建、添建、修缮，其中以乾隆年间的几次修建改动较大。1912 年清朝灭亡后，太庙仍归清室管理。1924 年太庙由民国政府接管，被辟为和平公园，曾作为博物馆。中华人民共和国成立后，太庙开放，1950 年改为现名“劳动人民文化宫”，供民众参观游览。1988 年 1 月，太庙被列为全国重点文物保护单位。

[十一]
社稷坛——实践“父天母地”的圣坛

明清两代北京社稷坛（今名中山公园）的位置在天安门（明代称承天门）里“西一门（即社稷衡门），为太社太稷也”，即坐落在紫禁城南门——午门前御街西朝房以西，前接皇城南墙，北倚大内南金水河，西临南长街。社稷坛与太庙隔道相对。该坛是明代永乐年间明成祖朱棣迁都北京后下诏修建的，明永乐十八年（1420 年）与紫禁城一起竣工。社稷坛全园平面为一南北稍长的不规则长方形，南部东西宽 345.5 米，北部东西宽约 375 米，南北长约 470 米，总面积约为 24 公顷（图 5–31、图 5–32）。

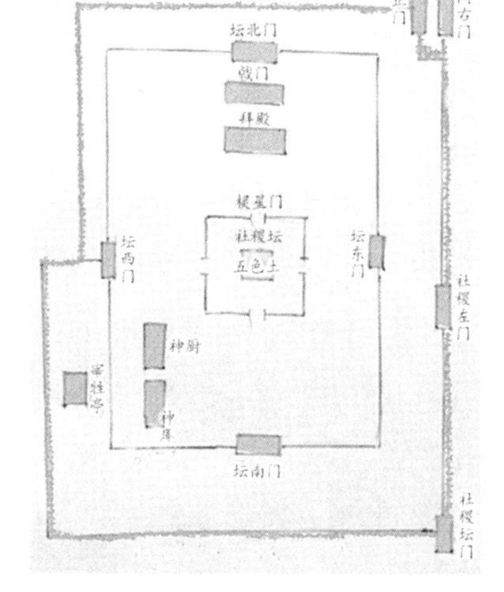

图 5–31　明代社稷坛模型图（局部）、总平面图（组图）

图 5–32　社稷坛（1960 年摄）

1. 社稷坛的性质

社稷是古代帝王、诸侯所祭祀的土神和谷神，商周以至清代的帝王，均沿袭社稷的大礼。历代帝王自称受命于天，将自己比作“天子”，以社稷象征构成国家的根基，每年春秋仲月上戊日清晨必须举行大祭，如遇出征、班师、献俘等重要的事件，也要在此举行社稷大典。

社稷坛是祭祀性建筑，在我国古代都城规划设计中，社稷坛一直占有极重要的位置。《周礼·考工记》所载的“左祖右社”，即指帝王的太庙应在王宫的左侧（即东侧），社稷坛则在王宫的右侧（即西侧）。远自周代开始，历代王朝在都城京师都会建造太庙和社稷坛，建造时也都必须遵循这一方位规矩，然所建造的具体位置不尽相同。如元代都城大都的太庙和社稷坛虽然也是设置在大内宫城的左右两侧，但却都远离皇城，太庙在京城的齐化门（明清时称朝阳门）内，社稷坛在京城的平则门（明清时称阜成门）内。明代永乐年间，皇帝朱棣总结前代建造都城的经验，为便于皇帝拜祭，把太庙和社稷坛分别就近置于紫禁城前方御街的左右，这样的设置，既使之离皇宫较近，又将紫禁城诸宫殿烘托得更加壮观雄伟。清承明制，社稷坛未变。

2. 社稷坛的祭祀

中国历代帝王受“父天母地”观念的影响，都非常重视社稷坛的建造和祭祀。社稷祭礼属于祭地之礼的范畴。金代的社稷祭礼不仅继承了中原农耕民族祭社稷的传统，而且注重进行他们认为具有实用意义的祈雨活动。社稷坛是一块正方形的3层汉白玉高台，总高1米，坛上铺有中黄、东青、南红、西白、北黑的五色土，象征着金、木、水、火、土五行为万物之本（图5-33）。坛中央有“社主石”石柱，其又名“江山石”，长0.51米，埋入土中，末端微露。在坛的四周，短墙按方向覆盖四色琉璃瓦。五色土是全国各地进贡来的，以表示“普天之下，莫非王土”。

中国古代祭祀“社”和“稷”的活动，各朝有分祭和合祭两种不同的方式，迄无定制。据《明史》载，明代洪武初年朱元璋定都南京，在京师“建太社在东，太稷在西，坛皆北向”，当时 “太社”和“太稷”是分坛而设的，祭祀时自然也是分坛行祭。据史料记载“两坛相去五丈，东西对峙，二坛周一壝”。到明洪武十年（1377

图 5-33　社稷坛五色土

年），明太祖以社稷分祭未当，下礼部议，礼官引《山堂考索》：“社为九土之尊，稷为五谷之长，稷生于土，则社与稷固不可分。”其宜合祭，“遂改作于午门之右社稷共为一坛”。在明清两代的会典中，祭祀社稷同祭祀天地、太庙一起被列为大祀。大祀最为隆重，皇帝要亲自参加祀典活动，并设有专门掌管祭祀的机构。

据《大清会典》载：“凡祭祀之机，岁春祈秋报，皆以仲月上戊日祭太社太稷之神，以后土句龙氏、后稷氏配。”在祭日，社稷坛上“太社位右，太稷位左，均北向。后土句龙氏东位西向，后稷氏西位东向”。在清代祭祀当日，皇帝于日出前四刻出宫，由内大臣和侍卫前引至太和门阶下降舆，再改乘金辇去社稷坛，当出午门时要鸣钟，并设法驾卤簿为前导，导迎鼓吹设而不作，由阙右门进至坛的外垣墙北门外神路右侧降辇。这时赞引太常卿恭导皇帝步行入北门的右门，进入戟门内，皇帝盥洗毕，再由“导引官导上（指皇帝）由拜殿右门出，典仪唱乐舞生就位，执事官各司其事，上至御拜位，内赞奏就位，上就位”，经过如此复杂的程序之后，才开始正式进行祭祀活动。祭祀必须严格按照程序和会典的礼仪制度进行，有奉上祭品、奏乐、献舞、上香、跪拜、送神等一套烦琐的礼仪。

3. 社稷坛的建筑规制

北京的社稷坛是研究我国古代坛制建筑的重要实物例证，也是研究明清官式建筑法式制度的重要实物。

社稷坛内的主要建筑有社稷坛、拜殿、戟门等，还有一些辅助建筑如宰牲亭、神库和神厨等。坛的本体位于园中心偏北，为园中最主要的构筑物，它为一个 3 层的方台，上层 5 丈（1 丈≈ 3.33 米）见方，下层 5.3 丈见方，四面均有陛阶，各分 4 级。

封建帝王对于社稷坛的建筑设计有着严格的要求，要求表现“社”和“稷”的崇高、神圣以及皇帝与它们之间的密切关系。从社稷坛建筑艺术所产生的效果看，无论是总体的平面布局、空间组合还是单体的建筑装饰都是非常成功的。

与太庙一样，社稷坛四周也有三重围墙，内墙分别覆有青、红、白、黑的琉璃砖瓦，每面墙的正中均有一道汉白玉棂星门。中间一道名“坛墙”，坛墙与外墙之间北有拜殿和戟门，西有神厨和神库、宰牲亭等。神厨和神库原为制作祭品和存放祭器的地方，宰牲亭为明清时祭前宰杀祭牲的场所。

拜殿（明代时称俱服殿）是社稷坛的主体建筑，位于社稷坛之北，坐北朝南，始建于明永乐年间。拜殿原只是供帝王在风雨时在殿内面向南边的坛台设供行礼，平时不用。整座殿坐落于 0.9 米高的汉白玉台基之上，殿面阔 5 间，进深 3 间，为黄琉璃瓦庑殿顶。

4. 社稷坛的沿革

社稷坛所在地在早先曾是辽、金都城东北郊的兴国寺，元代纳入元大都城内，其改名为万寿兴国寺。明定都北京时，在紫禁城西侧建社稷坛，用于皇帝每年春秋仲月上戊日祭太社和太稷。辛亥革命后，社稷坛的祭祀功能和原有的象征意义消失了。民国二年（1913 年）民国政府接管社稷坛并对其进行大面积的整修，民国三年（1914 年）内务总长朱启钤将社稷坛改为中央公园，在南侧开辟一道门（今中山公园南门），后又在西侧开辟了一道门（今中山公园西门）。民国四年（1915 年）原在礼部的“习礼亭”被迁建于园内，民国六年（1917 年）始建于清乾隆年间的“兰亭八柱”和“兰亭碑”从圆明园遗址移来，唐花坞、投壶亭、春明馆、绘影楼、长廊及“保卫和平”牌坊等一些风景建筑和纪念建筑增建。

1925 年，孙中山在北京逝世后，曾停灵于拜殿，1928 年，为纪念孙中山先生，拜殿改名为中山堂，整个社稷坛亦更名为中山公园。

“文革”时，社稷坛“五色土”曾经全部改为黄土，种植棉花，“文革”后才恢复原貌。

1957 年，社稷坛被公布为北京市文物保护单位；1988 年，被公布为全国重点文物保护单位。

[十二]

皇城——紫禁城的拱卫者

在北京内城与宫城（紫禁城）之间有一个“夹层”——皇城，皇城是宫城（紫禁城）的外围城卫（图 5-34）。它建于明永乐四年（1406）年，与宫城一起成为中国皇权的最高象征，书写了明清两代皇族建筑的发展史，同时也见证了中国宗法制度的演绎历程。

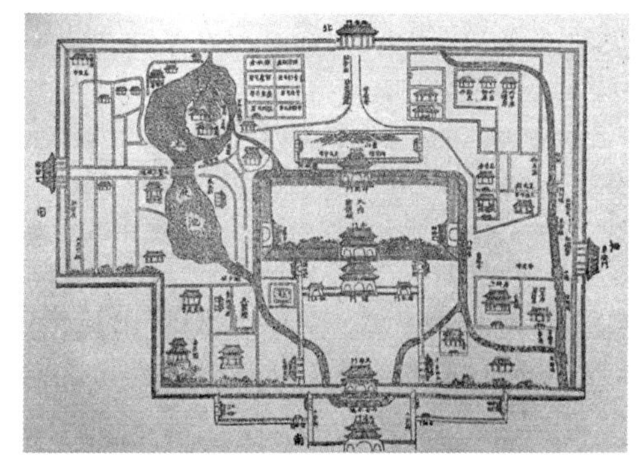

图 5-34　1805 年清代皇城总平面示意图（日本《唐土名胜图会》）

皇城周长约 11 千米，面积约 6.8 平方千米，乾隆朝《大清会典》记载：“皇城广袤，周三千六百五十六丈五尺，高一丈八尺，下广六尺五寸，上广五尺二寸”。皇城的城墙在基础底部打 0.5 米厚的夯土层，再以城砖“一顺一丁”砌筑灌白灰浆，建成宽 1.5 米、高 1.3 米的梯形基础，然后在上面再砌墙体。墙体用城砖砌筑，上用“冰盘檐”挑出黄琉璃瓦顶，墙身不抹灰，直接涂红色（现存的皇城墙抹麻刀灰，涂红土为近代修缮时的做法）。

明清两代的皇城四面均开门。其中规格较高的有 6 座城门，为正南方的三重门，即大明门(清时称大清门,民国时称中华门)、承天门(清时及以后称天安门)及端门，皇城北面的北安门（清时称地安门），东面的东安门（图 5-35），西面的西安门（图 5-36）。另外的门则是千步廊“T”字形广场东西两端的长安左门和长安右门，以及这两座门外围于乾隆中期添建的东长安门及西长安门；另外两座是在长安左门、长安右门之外，在东西走向的皇城墙上随墙的门——东公生门、西公生门。

1. 皇城的拱卫功能

皇城环绕在宫城之外四周，是拱卫皇宫，并为皇宫提供各种皇室服务和后勤生活保障的特殊城池。皇城里面有一些寺庙和宫廷机构（例如内监居所），以及供应

图 5-35　东安门里（美国地质学家托马斯 1909 年摄）

图 5-36　民国时期的西安门

宫廷生活的各种物品仓库、坊所等，还有一大部分是供帝后游幸娱乐的皇家园林（御苑、西苑三海和景山），它们是明清皇城中皇家园林的杰出代表。这样的城池建制规矩，在中国很多朝代的都城中都曾有过，如元大都特别在大都城中心的南偏西位置上，建设了以太液池为中心的皇城（又称萧墙），在太液池两岸建有皇家的宫殿和园林，还建有一整套服务机构、办事衙署等。明清的北京城不仅承袭了元大都的建都思维，而且把皇城建造得更加严谨完整、中规中矩。

皇城就是这样一座既博大辉煌又不失精巧细致，既功能齐备又力求风貌独特的城池。不过在明清时皇城（含景山、西苑太液池）是皇家禁区，庶民百姓如窥视将遭严惩。

2. 皇城的缺角之谜

明清北京城的皇城设置基本采用东西呼应、南北对称的布局方式。但皇城四座主门中的东安门和西安门却并非如此对称，东安门"坐断东南"，西安门则"西北偏北"。其中西安门偏北的主要原因是皇城在西南缺了一角。

明清北京城的皇城为什么在西南缺角？一直以来众说纷纭、莫衷一是。但从建设角度分析，缺此一角确实事出有因。

在元代，太子宫、隆福宫等大宫殿坐落在皇城的西南角，明北京城是在元大都的旧有基础上改造而成的，明代扩建皇城时，就有意将这部分建筑让了出来，皇城因此在西南缺了一角；清代都城承袭了明代的旧制，皇城的西南缺角情况至今仍然存在（图 5-37）。

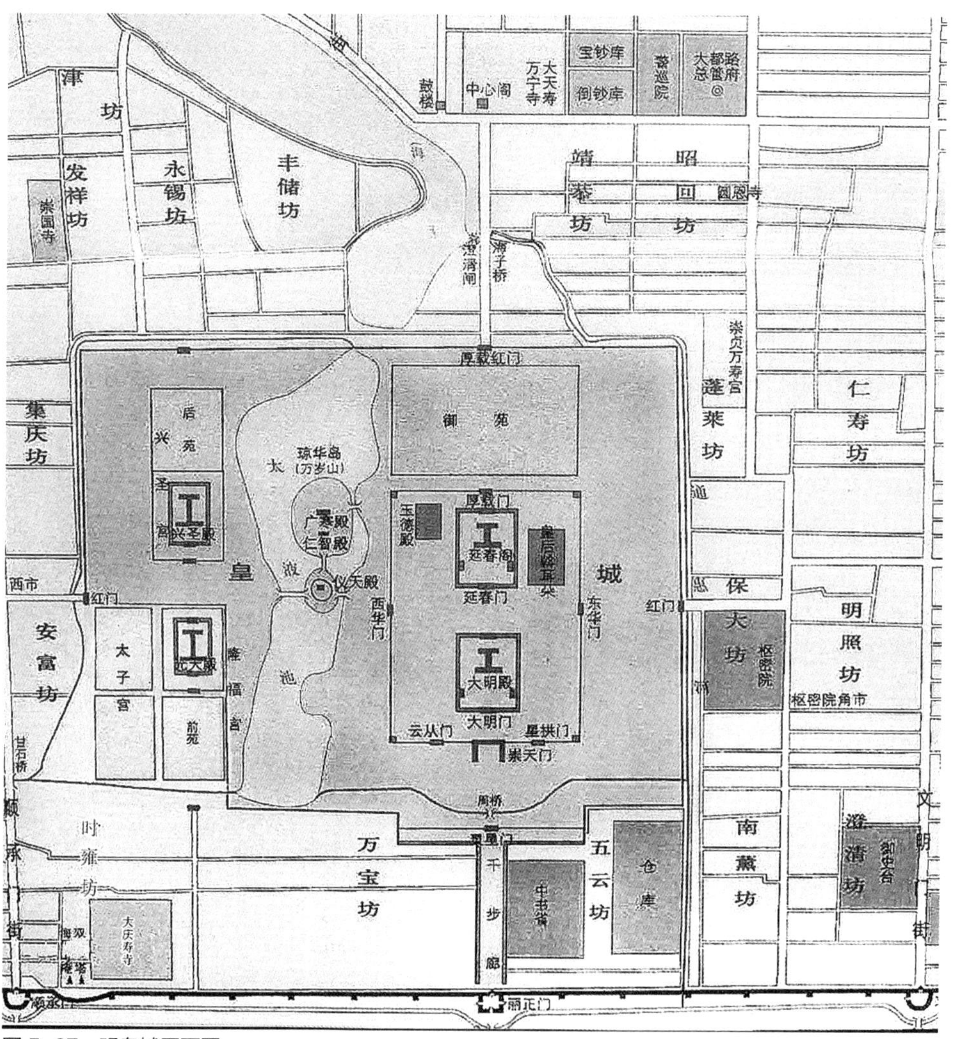

图 5-37　明皇城平面图

3. 皇城的多难史

这样一座宝贵的皇城，却没能逃脱战火的毁坏和人为的拆毁。1912 年，壬子兵变时东安门被烧，1920 年北京修建大明濠时皇城又遭拆除，如此直到 1927 年，这座有着几百年历史的皇城城垣已被拆毁殆尽，仅有几处碎片留存。当时国民政府的文件上有这样的文字记载："近时皇城垣墙拆毁多处，泥灰瓦砾狼藉遍地，见者刺目，行者避途。既非交通必需，何以任意毁坏，毫不顾惜！"同时由于当时的军阀政府缺乏文物保护意识，明清皇城的基本格局在那时受到了极大的破坏，许多昔日的重点传统古建筑被拆除，或被改建成了西洋式或半西洋式的多层建筑。瑞典学者喜仁龙（Osvald Sirén）教授就曾心痛愤怒地留下了这样的记录："……唯有洋式或半洋式的新式建筑，才敢高耸于和谐，蔑视着城墙的庇护。而这些建筑的数量正在迅速增加着……有多少设有前廊和巨大花园的古老住宅被夷为平地，而让位于半新式的三四层的砖造建筑？有多少古老的街道被展宽，多少皇城周围华丽的粉红色宫墙为了铺设电车轨道而被拆毁？古老的北京城正被迅速地破坏，它已失去昔日皇城的辉煌面目……"

2000 年，王府井大街二期工程进行中，明朝东皇城墙的多处遗址于基地西部被发现。为了弘扬中华文化，为市民增添一处旅游休闲的去处，北京市政府决定在明皇城东城墙的遗址上建立皇城根遗址公园。2001 年 9 月该公园建成开园。

经过 6 个月的修缮，2002 年 9 月，20 世纪六七十年代一度被垫为暗沟的菖蒲河也亮出，重见天日，以焕然一新的风貌展现在人们面前，并成为北京的一个观光新景点。

[十三]

宫城（紫禁城）——登峰造极的四合院巨擘

为了显示皇权的至高无上，皇宫大都建在都城的南北中轴线上。北京故宫是明清两朝的宫城，是北京城最精粹的建筑群，现通称北京故宫，俗称紫禁城。故宫作为北京中轴线的重要组成部分，是北京历史文化名城丰富内涵的核心，也是最有代表性的中华文化的象征，素有“王冠上的宝石”的美誉。

故宫是世界上现存规模最大、保存最为完整的木质结构的四合院式古建筑群，它与英国白金汉宫、法国凡尔赛宫、美国白宫及俄罗斯克里姆林宫并称世界五大宫殿，北京故宫被誉为世界五大宫殿之首。

明成祖朱棣于永乐四年（1406 年）计划建设北京的紫禁城，它以明南京的皇宫为蓝本，“规制悉如南京，而高敞壮丽过之”，此工程于次年的永乐五年（1407 年）正式启动。他先派出人员奔赴全国各地去收集名贵的木材和石料，再通过各地水陆两路及大运河的漕运送到北京，光是这些备料工程，就持续了约 11 年。永乐十五年（1417 年）三月六日工程正式开工，永乐十八年（1420 年）正月初一竣工，仅用 2 年多，辉煌无比的宫殿建筑及庭院就在 72 万多平方米的用地上呈现。相较花费 58 年建成的英国白金汉宫、耗时 800 多年建成的法国卢浮宫，紫禁城的建设速度可谓世上罕见。虽然后经清代多次改建、重建，但建筑仍保持着明代的基本格局。

虽说初建时的建设者有几百万人，但留下姓名的却寥寥无几，没有史书记载过最初设计师的姓名。明代较为知名的工匠有蒯祥、蔡信、杨青等人。到了清代，主持故宫修缮的是雷氏家族，也称“样式雷”。样式雷先祖在明朝就开始从事木工行当，1683 年，为修建皇家宫苑，工部营造所面向全国招募能工巧匠。年逾花甲的雷发达，以艺中选，从老家南京来到北京，恰逢重修三大殿工程，雷发达从众多工匠中脱颖而出。他主持紫禁城重修设计时，大胆创新，保留了中轴线上大殿建筑严格的对称形式，但轴线两侧建筑物的排布却只求大致对称，在细节处寻求变化，既突出了中心，体现了“居中为尊”，又形成了统一而又有主次的整体。在日后的数百年中，“样式雷”对中国建筑的美学产生了重大影响。雷发达在晚年写的《工部工程做法则例》和《工程营造录》成为我国古代建筑设计的“指导典范”。

故宫是中国明清两代的皇家宫殿，历经多年的精心策划、规划设计和严格施工，成为中国古代汉族宫廷建筑之精华及无与伦比的建筑杰作。

至 2020 年，故宫已有 600 年历史。它一直被视为中国古代宫殿艺术的集大成之作。作为明清两代的皇宫，其几百年来一直无比威严和神秘，直到 1925 年 10 月 10 日被辟为博物院开放之后，其真实面貌才逐渐向世人公开。故宫吸引了来自世界各地的游客前来参观，据统计，故宫至今已接待游客 1 亿多人次 。

北京故宫旧称紫禁城，位于北京中轴线的中心。《明史 · 地理志》记载："宫城周六里一十六步，亦曰紫禁城。"经过今人实测，城周 3 428 米，南北长 961 米，东西宽 753 米，占地面积 72 万多平方米。现存建筑 980 余座、大小宫殿 70 多座，建筑面积约 15 万平方米。1973 年，经专家调查统计，故宫实际有大小院落 90 多处，建筑 980 座，共计 8 704 间。

紫禁城的建筑群大体分为外朝、内廷两大区域。外朝在前部，是举行典礼、处理朝政、颁布政令、召见大臣的场所，以居于主轴的太和、中和、保和三大殿为主体，东西两侧对称地布置文华殿、武英殿两组建筑作为三大殿的左辅右弼。内廷在后部，是皇帝及其家族居住的"寝"区。故宫的南面正门为午门，北面后门为神武门（明称玄武门），东西两侧分别为东华门、西华门。

整座紫禁城其实是个放大了的四合院组群。在核心的三大殿之后，各院落又由中、东、西三路构成。中路沿主轴线依次为乾清宫、交泰殿、坤宁宫，通称"后三宫"，其后为御花园。东西两路对称地布置东六宫、西六宫作为嫔妃住所，东六宫前方建设奉先殿、斋宫；西路以西，建有慈宁宫、寿安宫、寿康宫和慈宁宫花园、建福宫花园、英华殿佛堂等，供皇太后和太妃们起居、礼佛。在西六宫前方建养心殿。东西六宫的后部对称地安排乾东五所和乾西五所共 10 组三进院，原规划用作皇子居所。从雍正开始，养心殿成为皇帝住寝和日常理政的场所。东路以东，在乾隆年间扩建了一组宁寿宫，作为乾隆归政后的太上皇宫。这组建筑由宫墙围合成完整的独立组群，它的布局仿照前朝、内廷模式，分为前后两部。前部以皇极殿、宁寿宫为主体，前方有九龙壁、皇极门、宁寿门铺垫；后部也像内廷那样分为中、东、西三路。中路设养心殿、乐寿堂、颐和轩等供起居的殿屋；东路设畅观阁戏楼、庆寿堂四进院和景福宫，西路是宁寿宫花园，俗称乾隆花园。一组相对独立的"宫中宫"构成了内廷的外东路。它的南面还有 3 组并列的三进院，是供皇子居住的南三所。除这些主要殿屋外，紫禁城内还散布着一系列朝房、值房、膳房、库房等辅助性建筑，共同组成这座规模庞大、功能齐备、布局井然的宫城。总之，宫城是由大小不一、内外分置、封闭内向的四合院式建筑群体所构成。

宫城的城墙四角各有一座角楼。角楼采用曲尺形平面，上覆三重檐歇山“十”字脊折角组合屋顶，以特有的形象，与城墙的敦实壮观相呼应，既融洽相生，又对比强烈。

此处还应补充说明：故宫是中国收藏历史文物最丰富的博物院。故宫博物院现藏有大量珍贵文物，据统计总共达 105.27 万件之多，占全国文物总数的六分之一。故宫的一些宫殿中还附设了许多综合性的博物馆，诸如历史艺术馆、绘画馆、陶瓷馆、青铜器馆、明清工艺美术馆、铭刻馆、玩物馆、珍宝馆、钟表馆、玩具馆、文房四宝馆和清代宫廷典章文物展览馆等，收藏有大量古代文化艺术及工坊珍品。

北京故宫的规划建设有许多值得大书特书的创意，其中择要有五。

1. 严谨至尊的布局

在设计意匠上，紫禁城突出地创造了一条贯穿南北的纵深主轴。这条主轴线与都城北京的主轴线重合在一起。紫禁城的轴线大大强化了京城“轴线空间”的分量，并构成都城轴线的主体。都城轴线反过来也大大突出了紫禁城的显赫，成为紫禁城轴线的烘托延伸。紫禁城的轴线前方起点可以视为大清门（今毛主席纪念堂位置），后方终点可以视为景山，在这条主轴线上，紫禁城以午门门庭、太和门门庭、太和殿殿庭、乾清门门庭、乾清宫殿庭及太和、中和、保和三大殿建筑，乾清、交泰、坤宁后三宫建筑，组织了严谨的、庄重的、脉络清晰、主次分明、高低起伏、纵横交织的空间序列，帝王宫殿的磅礴气势得到极致表现。

在贯穿封建礼制、伦理纲常上，紫禁城明确地体现了“择中立宫”的意识和“前朝后寝”的规制，对于历代宫殿遵循的“五门三朝”周礼古制也有所体现。它以天安门、端门、午门、太和门、乾清门表征“五门”，以太和、中和、保和三大殿表征“三朝”的外朝、常朝、燕朝，以象征的方式延续了中华历史的文脉。紫禁城还通过建筑的方位、数量、用色和命名等方式尽可能地显示阴阳五行的象征和风水堪舆的禁忌：

如前朝属阳位于南部，主殿三大殿用奇数；后廷属阴位于北部。主殿只用两宫，属偶数，东西六宫之和为十二，也是偶数。作为皇子居所的乾东西五所，寓意“五子登科”，合在一起为十，也为偶数。阴阳象征还进一步划分为阳中之阳、阳中之阴、阴中之阳、阴中之阴 4 方面。后来主轴沿线增建了交泰殿，成了奇数，就可以把后三宫当作“阴中之阳”来解释。紫禁城严格依照伦理五行设计，但在具体用法上却又很灵活，妥帖地取得象征语义与功能要求、艺术效果的统一。

巨大的建筑群严格遵循轴线对称的规划，并由层层围墙形成极为方整的封闭式院落。整个故宫的建筑群金碧辉煌，庄严绚丽，均有木结构、黄琉璃瓦顶、青白石底座，饰以金碧辉煌的彩画。宫城周围环绕着高 12 米、长 3 400 米的宫墙，形式为一长方形城池，城墙的每面开设一门，城墙外围的四周环绕一圈宽 52 米、深 6 米的护城“筒子河”，形成一座戒备森严的“城堡”。

2. 彰显至高无上的权威

紫禁城的建筑设计布局在彰显皇帝的“天子”威严方面可谓登峰造极。

明清北京城皇城的正门为天安门，进了天安门之内即为端门，两侧各有廊庑 26 间。端门始建于明永乐年间，起初只有 3 个券门，清康熙六年（1667 年）重修，康熙二十八年（1689 年）重建，增筑城台、城墙，增开为 5 个券门。1955 年，端门又进行大修。端门的形制与天安门略同，城台连城楼通高 33 米，为黄琉璃瓦重檐歇山顶，面阔 9 间，进深 5 间，体现“九五之尊”。

明永乐十八年（1420 年），北京的宫殿城池基本竣工（图 5–38、图 5–39）。宫城的大门崇天门位置在如今的午门，崇天门规模宏大，为宫城各门之冠，比清代留下的午门要高大威风得多，更彰显出“天子”皇帝的威严。建筑历史学家傅熹年在《元大都大内宫殿的复原研究》中认为，崇天门是凹字形平面，门楼东西有斜廊各 5 间，下通到两观（趓楼），自东西趓楼向南各有 5 间廊庑，通凸出宫城之外的阙，阙是三重子母阙。母阙和转角处的两观本身都是重檐十字脊的枋形建筑，二子阙是附在母阙东西外侧依次缩小的两座附属建筑。他结合了唐长安承天门、北宋汴京宣德门、金中都应天门等的建筑形态分析研究，对崇天门的形制进行了图示复原（图 5–40）。

午门是故宫的正南门，寓意是正午的太阳光芒四射。它位于端门之内，显得巍峨雄壮。它始建于明永乐十八年（1420 年），明嘉靖、万历年间曾两次遭火焚，至明天启七年（1627 年）修复，清顺治四年（1647 年）又重修，以后屡有修葺。午门平面呈倒“凹”形，其形制是从隋唐以来的宫阙逐渐演变而来的。其通高 37.95

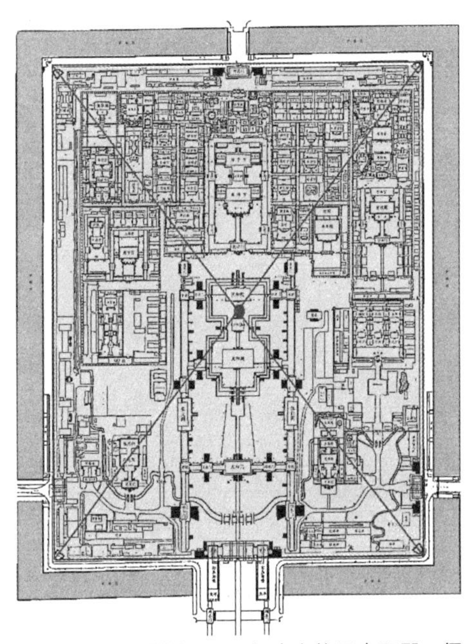

图 5-38　紫禁城平面几何中心位于中和殿、保和殿之间的丹陛露台

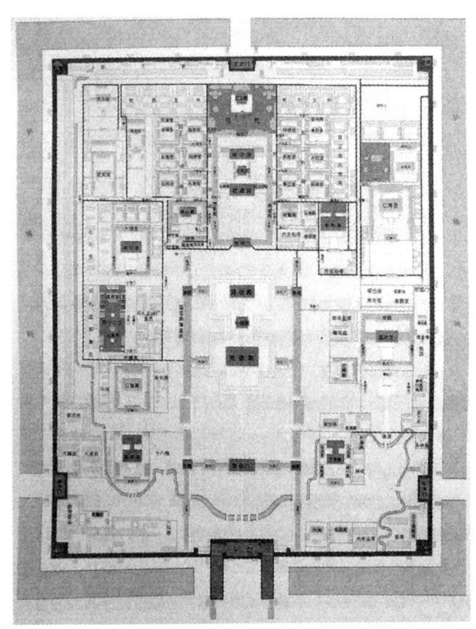

图 5-39　明永乐十八年 (1420) 紫禁城总平面图

图 5-40　明崇天门正立面复原想象图

米，下部是高大的砖石墩台，墩台上的正楼用头等形制的九开间重檐庑殿顶，两翼伸出“雁翅楼”，翼端和转角部位各建重檐方亭一座，形成一殿四亭与廊庑组合的极为壮观的门楼整体形象。墩台正中有门3座，在10米高的城墙上耸立着5座崇楼，楼顶飞檐翘起，从上面看就像5只展翅欲飞的凤凰，故午门又俗称“五凤楼”，轮廓错落有致。其三面围合的内聚空间、红墙黄顶的强烈色彩以及异乎寻常的体量使人感到震撼。午门东西两侧各有42间连檐房舍，原为六部九科朝房，有门可通太庙与社稷坛。午门下部墩台正中开三门，两侧各开一掖门，从正面看是3座门洞，背面看却是5座，即“明三暗五”。这5个门洞的中门为皇帝专用，此外只有大婚时皇后的凤舆可从中门进宫，殿试选拔状元、榜眼、探花可从中门出宫。东门供文武官员出入，西门供宗室王公出入，两掖门只在大型活动时开启。巨大的、三面环抱的午门形象具有压倒一切的、极具威慑力的森严气势。美国建筑师墨菲在谈到午门时，曾经惊叹说：“其效果是一种压倒性的壮丽和令人为之屏息的美”（图5-41、图5-42）。

太和门的门院是进入紫禁城后的第一进院，也是太和殿殿庭的前院。它夹在午门和太和殿之间，前面有形象巍峨、体量高大的午门背立面逼压着，后面是整个宫城的最高潮，而太和门门院恰如其分地起到铺垫、过渡的作用。太和门的设计颇具匠心。

（1）门院采用与三大殿宫院同样的宽度，既有利于门院与宫院的有机连接，也适于容纳庞大的午门背立面。

（2）门殿采用屋宇门的最高形制，面阔9间，进深4间，上覆重檐歇山顶，

图5-41　午门（1900年摄）

图5-42　故宫午门环境图

下承汉白玉须弥座台基，左右陪衬昭德、贞度两座掖门，显现出太和殿的“宫内第一门”的宏大、端庄和凝重。

（3）门院南北深度采用 130 米的恰当尺度，拉开太和门与午门的距离，以减轻高大午门背立面的逼压感，门院的形状比正方形略扁，也避免了与正方形的太和殿在形式上的雷同（图 5-43）。

故宫的中心宫殿由三大殿组成，它们建于“土”字形的、用汉白玉栏杆围合的 3 层须弥座台基上，护栏望柱为云龙云凤纹饰，望柱下有 1 142 个排水用的白石螭首，台阶的中央有巨石铺成的“御路”，上刻蟠龙、升龙及海水江崖，托以流云，象征“王土居中”，表现以王为中心的天尊之气。汉白玉太和殿在南，中和殿居中，保和殿在北（图 5-44）。巨大台地的地面以上部分高 8.75 米，地下的基础部分则深达 7 米以上，采用的材料有 8 种之多。小台地的空间由两道宫墙分为 3 部分，两者各自独立又互相联系。三大殿是整个故宫中最能显示皇帝至高无上气势的地方，也是故宫所有建筑中最辉煌的作品。

明朝的“御门听政”（即常朝）一般在太和门举行，清朝改在乾清门。太和殿始建于明永乐十八年（1420 年），先称奉天殿，后改称皇极殿，清代改为太和殿，是紫禁城内体量最大、等级最高的建筑，也是中国现存最大的木结构大殿，位于紫

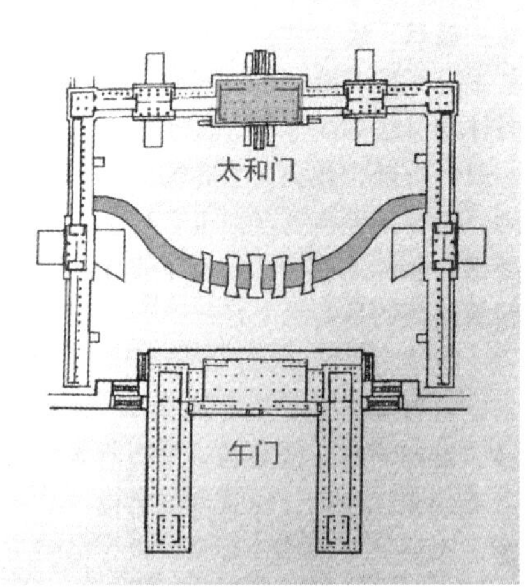

图 5-43　北京故宫太和门庭院平面图

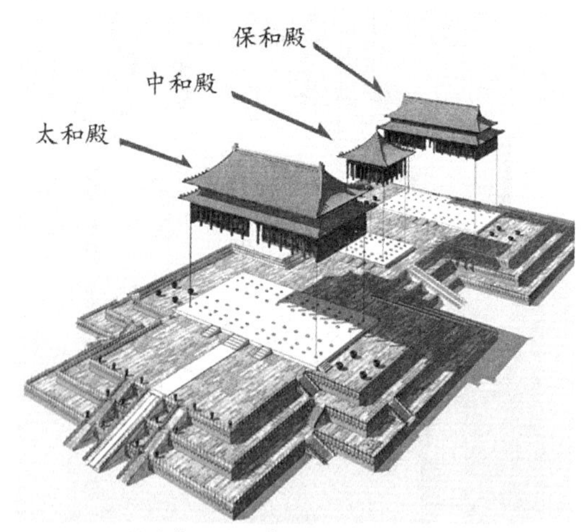

图 5-44　故宫”三大殿”

禁城（故宫）南北主轴线的显要位置（图 5-45）。该殿在建成后屡遭焚毁，仅明代就被烧毁 3 次，后经多次重建，今殿为清康熙三十四年（1695 年）重建后的形制，下坐 3 层汉白玉台阶，面阔 11 间，采用的是最高形制（仅太庙的前殿与之一样）。殿长 64 米，宽 37 米，高 26.92 米，连同台基通高 35.05 米，上承最高等级的重檐庑殿顶，屋顶仙人走兽多达 11 件，就连大殿正脊上的吻兽也是我国目前最大的，采用的彩绘为最高等级的金龙和玺彩画，规模为紫禁城内大殿之最，总之处处显示“第一”。太和殿匾额“建极绥猷”匾为乾隆皇帝的御笔，现存的牌匾为复制品。原件在袁世凯称帝时被换下。

中和殿是皇帝在大典前等待吉时、稍事休息的地方。

保和殿曾被称为清代的国宴厅，自乾隆皇帝以后，这里便成为每四年一次的皇家科举考场。

乾清宫在明代时是皇帝的寝宫，清朝改作皇帝召见群臣、批阅奏章、处理日常政务、接见外藩属国使臣、岁时受贺、举行筵宴的重要场所。坤宁宫明代时为皇后

图 5-45　太和殿（金銮殿）

的正宫，清代时改为萨满祭神场所及皇帝大婚洞房。乾清宫与坤宁宫之间的交泰殿是一座方形小殿，是皇后接受朝贺之宫，殿内宝座两侧放置清朝御用25方宝玺。“交泰”比喻天地之交感，帝后之和睦，东西六宫是12座方正规矩的院落，由纵横交错的街巷分隔，构成了条条内巷、座座门墙、相互通达又相互间隔的布局，呈现规整而又严谨封闭的空间，东西六宫的布局是典型的四合院套院式布局（图5–46）。

故宫的城墙断面呈上窄下宽的梯形，墙基宽为8.55米，顶宽收缩至6.63米，内外两墙面收分约10%。墙体的内外侧有备用四进城砖，约2米厚，内实夯土，城墙高9.9米。城垣的顶部外侧筑雉堞墙，垛口呈“品”字形，厚0.38米，高1.43米。城墙内侧筑女儿墙，高约0.9米，扣脊瓦为黄琉璃瓦，宫城四角各建一座角楼，其为3层式歇山顶，十分精美，也是故宫的标志性建筑（图5–47）。

神武门是故宫的北门，城台与城墙同高，约9.9米，深约19米。城台辟门洞3个，为外方内圆之券洞门。城楼建于汉白玉基座上，高21.9米，连同城台通高约32米。连廊面阔五间，面宽41.74米，进深一间，连廊进深12.28米。四周围廊，环以汉白玉石栏杆，四面门前备出踏跺。神武门门楼为黄琉璃瓦重檐庑殿顶，饰黄琉璃瓦脊兽，梁枋间饰墨线大点金旋子彩画，上檐悬蓝地镏金铜字满汉文“神武门”匾。

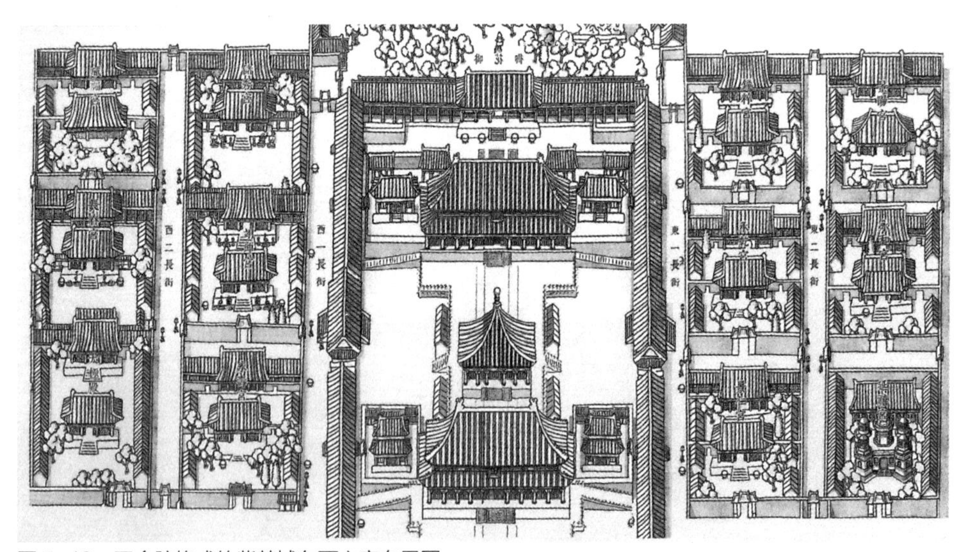

图5–46　四合院格式的紫禁城东西六宫布局图

3. 张弛有度的空间

位于北京城中心的紫禁城，虽然依照轴线布局，却并不是一种简单僵化的严整格局。进了端门、午门之后，太和门前的一条弯弓形的玉带河把前后严正的殿间广场融入了充斥着自然形态的空间中，其上跨5座内金水桥，这5座汉白玉石桥象征“五德”，即仁、义、礼、智、信。弯弓形的玉带河把太和门前的庭院空间划分成南北两片，使场地层次丰富且自然舒放（图5-48），进一步缓解了午门对太和门殿的“后逼”。故宫前有太和门前广场的玉带河烘衬的自然形态，后有御花园展现的中国式园林风采。故宫墙内最北部为御花园，建于明永乐年间，东西长140米，南北宽80米，占地面积约为12 000平方米。花园四面有门，南为坤宁门，通后三宫；北有顺贞门，门外即为宫城北门神武门；东西二门分别通往东西六宫。园景大致分为3路，其中主要建筑有钦安殿。其面阔5间，为重檐盝顶式。位于御花园正中的为天一门，其余园内还有大小建筑20多座，左右铺开，对称而不呆板。御花园是现存皇家园林中的杰出范例，其中的建筑在造型上有凹有凸，在体量上有高有低，结构精巧多样。

神武门为紫禁城的北门，是出入内廷的重要门户，位于北京中轴线上，初名玄武门，清康熙年间因避讳康熙帝的名讳玄烨而改称今名。皇后及内廷人员出入宫廷多走此门，清宫秀女亦由神武门出入。因此，神武门是紫禁城4座城门之中人员日常出入最为频繁的大门。

图5-47 紫禁城角楼

图5-48 太和门前的弯弓形玉带河丰富了广场氛围

4. 神秘莫测的地下宫殿

现在的明清紫禁城是建造在元代宫殿遗址之上的，其地下的秘密宫殿就是元朝统治时修建的。元朝在北京的统治时间比较短，也就 80 多年。元大都的皇宫至少有 2/3 被叠压在明清的紫禁城之下，直到 2016 年 5 月，城市考古学家结合考古材料，发现了故宫秘密宫殿。这座地下宫殿位于慈宁宫的下方，这里也被称作“故宫三叠层”。这次非常的发现证实了在故宫地下有宫殿之说（图 5-49、图 5-50）。

图 5-49　故宫地下宫殿“地下长城”入口

图 5-50　明永乐时期“三叠层”墙基

5. 周详的防灾技术

故宫在综合防灾方面有一些做法很得学习继承。

（1）防洪

紫禁城有完整的排水系统。当年故宫在建设时严格遵照了“先地下后地上”的规矩，在地下埋设了总长达 8 510 米的完整的排水系统。其分布特征为：在北部有一条东西向的暗沟，这条暗沟向南伸出若干分支，接纳各宫殿排出的雨水，并将雨水汇入紫禁城南部的内金水河，随后雨水及时排出紫禁城，经护城河流入通惠河。

紫禁城总体上北高南低，北面的神武门比南面的午门地平标高高出近 2 米，内部的大小庭院都是中间高四周低；城墙顶部海墁城砖，向内侧排水，经女墙下排水沟眼泄除雨水，是一个内排水系统。故宫内共设置了 1 142 个龙头排水孔，每逢下雨即出现“千龙吐水”的奇观。雨水从房基四周的明沟石水槽汇合流入地下排水管沟，通过纵横交织的支线和干线流入玉带河（内金水河），再流至东华门南的水闸，从而确保故宫免遭水淹。紫禁城完善的排水系统充分体现了古人尊重自然、与自然和谐共生的理念（图 5–51）。

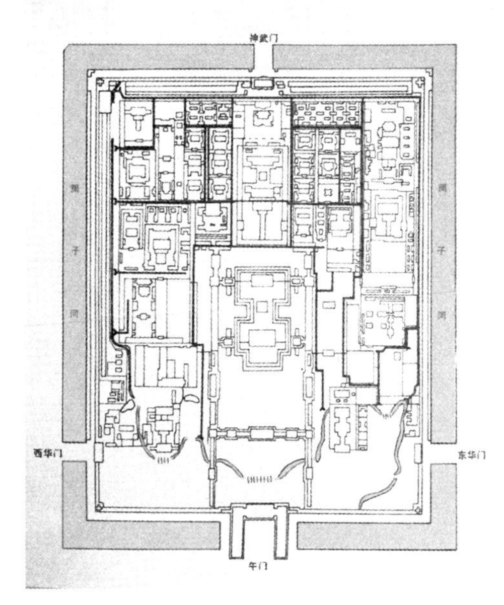

图 5–51　故宫下水道系统示意图

（2）防震

故宫慈宁宫广场长信门西北侧有一处东西向宽 2.5 米、南北向长 5.4 米的探坑，专家在此“挖”出了一段明代永乐时期的墙基。这是紫禁城内首次发现明代大型建筑的墙基以及建筑基槽遗迹，为探究紫禁城“前世今生”增添了新的证据。

在探坑底部北侧、距墙基约 3 米、距地表深约 4.4 米的斗形基槽内，专家发现了东西向的 4 根木质地钉（竖桩），地钉之上分别铺设了东西向和南北向的两组排木，这一横一竖的卧桩组成了稳固的桩基承台。这种结构堪称古代的抗震工程，当地震时，底部圆木的活动在一定程度上抵消了地震带来的晃动，从而起到了一定的减震、防震效果。故宫曾经历过 200 多次大小地震竟“毫发无损”，其独特的结构布置便是重要原因之一。

（3）防火

故宫体高而密，自然易遭雷劈。建筑师设计出的“龙吻”位于屋脊鸱尾处，用铁丝系住，伸出一根类似天线的铁棍，指向天空，其作用类似当今的避雷针。

然而，仅在 1415 年至 1644 年的 229 年中，故宫就发生了大小火灾 47 次。防火必须多水，于是，故宫每座宫殿的殿门前都安设了一口大水缸，这些大水缸被称作“太平缸”或“吉祥缸”，以图安稳。据说最多的时候，故宫内有 308 口这样的大水缸。为了防止大缸里的水在冬季结冰，每到十月至翌年二月，人们都要在缸外套上棉套，在缸上加盖，气温特别低时，还要在缸下烧炭加温，也就有了“故宫失火，先烧一锅”这么一句话。1900 年的庚子事变，八国联军入宫后，把大水缸鎏金的表层刮削掉而使其失去了当年的华丽光辉。

在这里，还要说一下紫禁城内的用水。作为皇家宫殿，紫禁城内人口很多，紫禁城中虽然有 70 多眼水井，但井水只能用于洗衣物、打扫卫生及浇花种树等。皇宫的饮用水均用“天下第一泉”——玉泉山之水。

在我们为紫禁城永垂史册的建筑群骄傲的同时，必须追忆我国建筑界先贤们为保护紫禁城故宫所付出的辛勤工作，其中最应纪念的是故宫测绘人员。1933 年春，中国营造学社社长朱启钤决定对故宫建筑实施抢救性质的全面测绘。他请当时基泰工程司华北地区的负责人张镈（古建筑大师梁思成在东北大学建筑系的首批弟子），承担中轴线上古建筑的测绘工作。测绘自 1941 年 6 月开始，1945 年告竣，完成了北京中轴线南起永定门、北至钟、鼓楼主要建筑的测量与图纸绘制工作，完成测绘图 700 余张，保留了大量珍贵的古建筑基础资料及老照片。这些测绘人员是保护故宫当之无愧的功臣（图 5-52、图 5-53）。

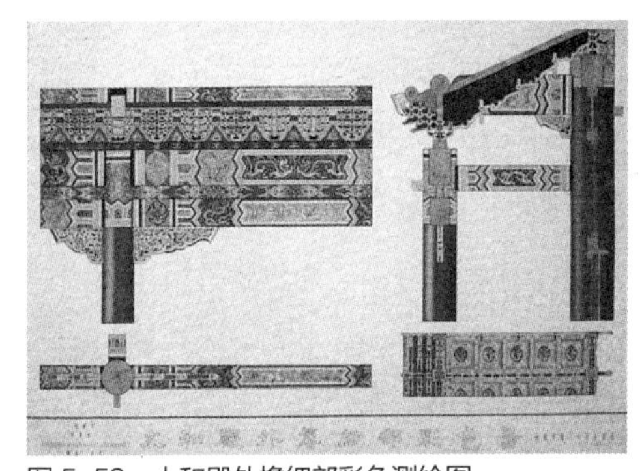
图 5-52　太和殿外檐细部彩色测绘图

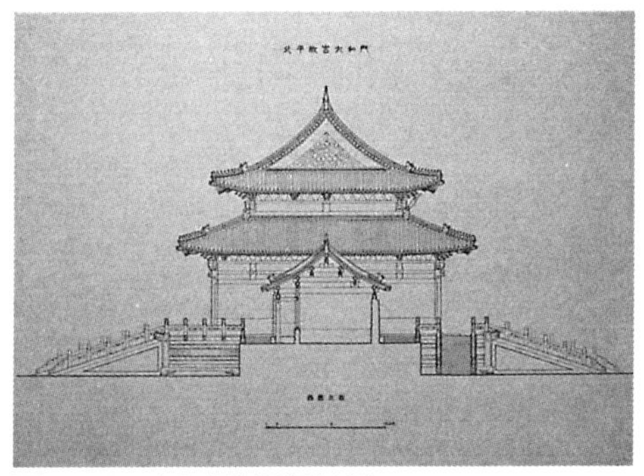
图 5-53　太和门剖面测绘图

[十四]

景山——都城的制高点

北京在历史上是古永定河的冲积平原，为一片平坦的沙性平原，并没有小山，如今的小丘皆系人为。

景山位于紫禁城正北方，也是以前北京城的最高点。景山总占地面积 28 万平方米，主峰高 45.7 米，含万春亭的总高为 62 米。景山的历史可以远溯到 13 世纪中叶。元代时，此地曾是专供帝后游乐的“后苑”，延春阁等建筑曾在此修建，那时这里还仅是一个小土堆，当初在兴建皇宫宫城时，园内有一座由土堆的山，其称“青山”，又因此处曾经堆煤，因此它还有“煤山”的俗称。

元朝灭亡后，明代统治者为清除前朝的“王气”，将元代留下的大内宫殿全部拆除，并将开挖筒子河和南海的渣土堆积于元代延春阁的原址之上，以压制前朝的“风水”，逐渐形成一座高大的土山，取名“万岁山”“镇山”。清顺治十二年（1655 年）其更名为景山，“景”字寓意为“日光”和“大”，景山即大山、光明之山。清乾隆十六年（1751 年），景山又进行了大规模的重修，5 座小山峰上各建了一座亭子，这就是著名的“景山五亭”，其从东向西依次为周赏亭、观妙亭、万春亭、辑芳亭和富览亭。位于正中的是万春亭，它也是北京都城中心的制高点（图 5-54）。

图 5-54　1911 年的景山及景山前街

亭中各有一尊铜佛像，1900 年被八国联军劫走 4 尊，只剩万春亭中的毗卢遮那佛，因佛像较大且坚固无法被运走，但也遭破坏。

历史上景山的南门有两重，外圈墙上的门是“北上门”，它是进景山的第一道门，隔着护城河与南面的故宫神武门相对，1956 年为拓宽景山前街，“北上门”被拆除。内圈墙上的门在明朝时叫“万岁门”，在清朝时叫“景山门”。被拆除的“北上门”比“景山门”要宽大雄伟得多。

景山门是公园的南门和正门。其南为故宫北门（神武门），其北为园内绮望楼。其坐北朝南，为黄琉璃筒瓦歇山顶，面阔 5 间，进深 3 间，有单昂三踩斗拱、旋子彩画。

景山公园的东门坐西朝东，面阔 3 间，进深 1 间，为黄琉璃筒瓦歇山顶，有单昂三踩斗拱、旋子彩画。

景山公园的西门坐东朝西，形制同东门。

景山位于故宫的北面，四周环绕两重围墙，内外墙之间的道路称“御道”，现在外墙被拆除，御道变成了公用的道路。景山的北门称北中门，以北是地安门内大街，1953 年时门口两侧各有一座带大屋顶的灰砖绿琉璃瓦建筑。

在清代早期及之前，北上门一直是紫禁城的北门，这也和北上门的名称相符。尤其在明代，北上门乃是内皇城墙上重要的一道门户，若要进神武门，先得从北上东门或西门进来，再过北上门，才能到神武门前。清康熙二十四年（1685 年），北上门两侧官房设官学堂（图 5-55、图 5-56）。

景山公园内花卉草坪达 1 100 平方米，有各种树木近万株。辛亥革命后，其一

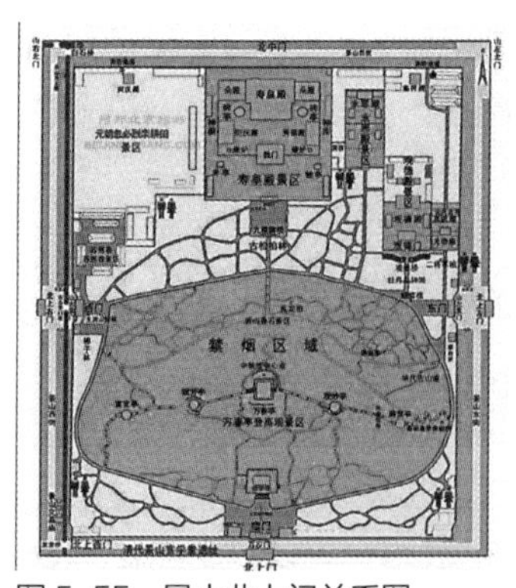

图 5-55 景山北上门关系图

图 5-56 北上门（1956 年摄）

度荒芜。直到新中国成立，这一古老的园林才重新焕发出容光，成为游览的胜地。在这里，还有一处是明朝崇祯皇帝自缢处——一棵歪脖子树，两块孤零零的石碑很显凄凉（图 5-57），目前原物已无。

万春亭前的地面上平铺着一块圆形的铜板，上面刻着“北京城中心点”（图 5-58），意为北京城的中心“原点”。在景山万春亭大理石的基座上，还有两块竖立的铜板标志，南侧铜板上写着“海拔高度 94.2 米”，西侧铜板上写着“相对高度 45.7 米”。从景山万春亭南眺故宫，中轴线的核心段气势非凡（图 5-59）。

图 5-57 崇祯皇帝自缢处（目前原物已无）

图 5-58 景山万春亭是北京城的中心点

图 5-59 从景山万春亭南眺故宫

[十五]

地安门外——“短小精悍”的北中轴

皇城共有 4 座城门：南门天安门、北门地安门、东门东安门和西门西安门。地安门位于中轴线上，南对景山，北对钟鼓楼，极为重要。

地安门始建于明永乐十八年（1420 年），清顺治、乾隆年间都曾重修。清代皇城的地安门与东安门、西安门的建筑形式和规制完全相同。地安门内左、右侧原各建有雁翅排房。

地安门外大街在民国时期由两条街构成，后门桥（时称地安桥）以北称鼓楼前大街，桥南至地安门称地安门大街，1949 年后则统称地安门外大街。

这段仅约一千米长的大街在北京城内非常重要：它是旧城历史悠久的传统商业中心之一。“东单、西四、鼓楼前”是北京旧城的三大传统商业中心。《燕都丛考》称此处“最为骈阗，北至鼓楼。反凡二里余，每日中为市，攘往熙来，无物不有”，海子边的景象更是“四座了无尘事在，八窗都为酒人开”。地安门外大街的繁华热闹及什刹海畔的悠闲清静是东单、西四无法比拟的。在营都规制上，地安门外的市场也体现了“前朝后市”的规划思路（图 5-60~ 图 5-63）。

中轴线是城市的“脊梁”和城市肌理的精髓，是北京历史文化古城传统风貌的灵魂，而在这条中轴线的北端，地安门外大街至钟鼓楼虽仅有短短的一段，却串联起皇家文化、民俗文化、水景文化三大主题，蕴含了城市空间布局的起伏开合、东方哲学及审美理念，是无法再生的历史文脉和城市基因。地安门于 1954 年 12 月动工拆除，1955 年 2 月 3 日被拆除完毕。

在这段仅约一千米长的大街上，精粹众多，有特点的建筑物、构筑物主要有以下 4 处。

1. 地安门

地安门是皇城的北门，与皇城的南门——天安门互相呼应，寓意天地平安、风调雨顺，是北京中轴线上的重要标志性建筑之一。

在明清两代，皇帝北上出巡大多要从地安门出；皇帝亲祭地坛，必须走地安门。

图 5-60　1946 年北中轴地安门内外 (1946 年美国《生活》杂志)

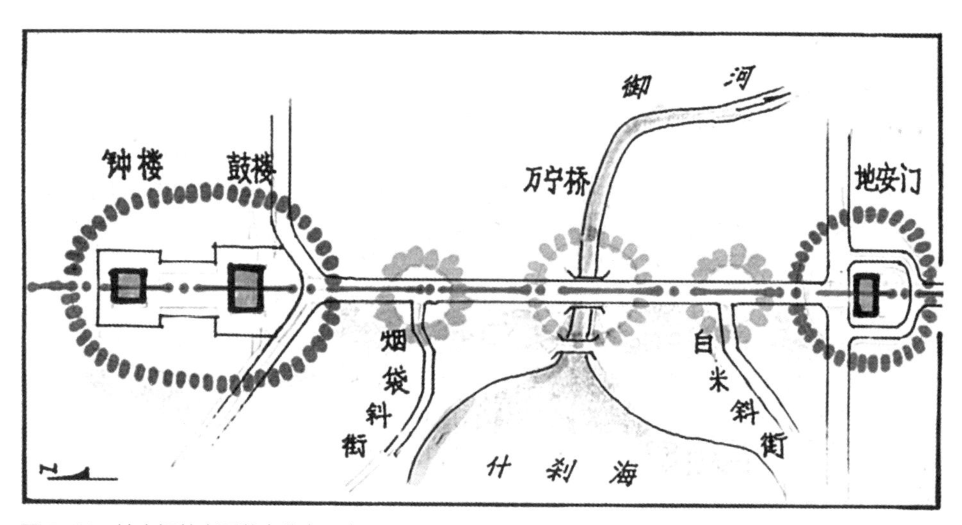

图 5-61　地安门外主要节点分布示意

地安门是皇城的禁地，普通百姓不得随便进入。其门洞方方正正，而天安门的门洞为半圆形，寓意“天圆地方”。

地安门整体建筑为宫门式砖木结构，面阔 7 间，明间宽 7 米，两次间各宽 5.4 米，四梢间各宽 4.8 米，总面阔 38 米，通高 11.8 米，进深 12.5 米。正中设朱红大门 3 扇，左右两梢间为值房。门内大道两侧有米粮库、油漆作、花炮作等机构。地安门内左

图 5-62　地安门（南立面）[（美）西德尼 · 甘博（Sidney D.Gamble）于 1917 年至 1919 年间摄，具体拍摄时间不详]

图 5-63　地安门（1917 年至 1919 年间摄，具体拍摄时间不详）

右两侧还各有 2 层的雁翅楼一座，原为内务府满、蒙、汉上三旗公署，设有四司、八局及十二监，统称二十四衙门，它们均为紫禁城的后勤保障机构驻地。

为使皇城的整体结构变得完整，特别是使传统中轴线变得完整，复建地安门势在必行。复建方案必须兼顾交通（图5–64）。

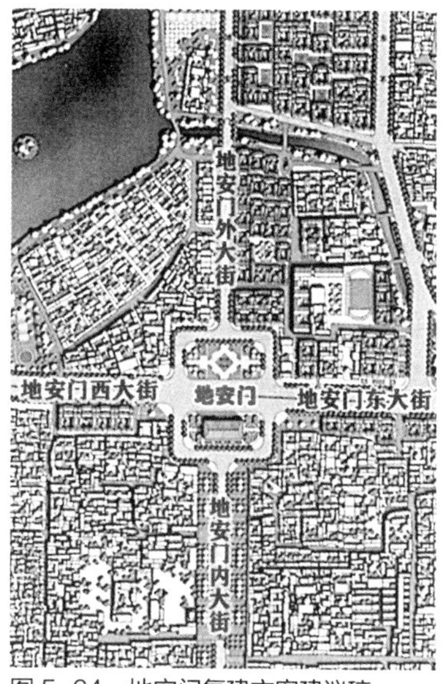

图 5–64　地安门复建方案建议稿

2. 火神庙

火神庙全称为“敕建火德真君庙”，俗称火神庙，始建于唐贞观六年（632 年），已有近 1 400 年的历史。应该说先有火神庙，后有北京城，什刹海古代“九庵一庙”中的“庙”指的就是这座庙。因此，火神庙是整条中轴线上历史最悠久的建筑物。

火神庙位于什刹海万宁桥（后门桥）西北侧，主要供奉的是南方火德真君。传说火德真君掌管世间一切与火相关的事物。

火神庙是明清以来北京著名的正一派道观，明代曾被皇家敕封为“显灵宫”，它与正阳门外的关帝庙朝天宫、朝阳门外的东岳庙灵济宫，合称为“三宫”。

元至正六年（1346 年）、明万历三十三年（1605 年），因为宫苑内连年发生火灾，于是皇帝下令扩建重修火神庙，并赐琉璃碧瓦顶以压火。清乾隆二十四年（1759 年），火神庙再次重修之时，门及后阁上边覆黄瓦。火神庙的主体保存基本完整，山门东向，在庙东南角的门内外原各有一座牌坊，据著名的文物专家和历史学家朱家溍先生所写文章忆述，外侧牌坊额上书写“离德昭明”。

综观火神庙，其建筑有以下五大特色：庙门朝向东方，火祖殿内有蟠龙藻井，主殿后建有两层楼阁，庙门内外均有牌楼，庙后有亭（可观赏什刹海水景）。

史载火神庙重修后，南门前傍水临河，景色优美，成为一处清幽之地（图5–65）。

图 5-65　临水的火神庙南门

3. 万宁桥

史籍中万宁桥的建造时间为“至元中建”。据《日下旧闻考》记载，澄清闸为“至元二十九年（1292 年）建”。因桥闸一体，以此推断造桥年代。

元至元四年（1267 年），元世祖忽必烈兴建大都城，准备迁都。大都城的设计者刘秉忠结合蒙古族逐水而居的游牧习俗，围绕积水潭的大片水域来布局，将水面向东突出的最边缘点，也就是万宁桥所在的位置作为城市中轴线的基点，紧挨着积水潭东岸向南北延伸画出一条中轴线。在“东南西北四方之中”建中心台，台东建中心阁（今鼓楼的位置）。由中心阁向南，到大都城南墙中门丽正门是一条直线，其间穿过皇城北门厚载门、皇城南门承天门，这条直线经明清两代至今未曾变动过。后来修建的万宁桥在地安门和鼓楼之间，今人称之为“中轴线上压轴桥”，因此万宁桥就是元大都的规划设计原点。

万宁桥曾有众多旧称：因濒临什刹海（古称海子），故称海子桥，还曾称洪济桥、响闸桥；又因位于地安门（旧称后门）之北，民间俗称其为后门桥、地安桥。其实，老北京最老的“天桥”不在前门外，而是在地安门以北的万宁桥，因元大都城中轴线在此开始，此桥又被称为“天桥”（图 5–66）。

图 5–66 万宁桥

万宁桥位于什刹海东岸，跨御河上流。熊梦祥《析津志》有云：“万宁桥在玄武池东，名澄清闸。至元中建，在海子东。至元后复用石重修，虽更名万宁，人惟以海子桥名之。”

万宁桥虽经历数百年的风雨侵蚀和后代的历次修缮，仍旧保留了元代桥梁的特征。桥长 10 余米，宽近 10 米，桥面用巨大的块石铺砌，中间微拱，但坡度不大，利于车马通行。两侧建有汉白玉石护栏，雕有莲花宝瓶等图案，雕刻精美。

万宁桥曾是通惠河重要的水上枢纽之一，是北京漕运史的重要见证，也是研究北京漕运和城市发展的重要标志。

在元代，沿京杭大运河北上的漕船进入北京城后，最终落帆过万宁桥到达积水潭，完成整个运程。据《元史 · 郭守敬传》记载，元初每年由通州向大都城运送粮食的时候，秋雨连绵，运粮的驴、牛死亡甚多。为此，郭守敬主持开挖了通惠河，运粮船便可由通州直抵海子，将粮食存入海子西岸新建的粮仓之中。为了调节水位，郭守敬又在海子东岸的通惠河起点处建造了木结构的海子闸，即澄清上闸。由于木闸容易腐烂，故从元武宗至大四年（1311 年）六月，木闸被换为石闸。

万宁桥属于“桥闸”，具有便利通行和控制水位的双重功能。元代通惠河的主要干线上修建了 11 处控水设施，共 24 座水闸。万宁桥边的“澄清上闸”便是其中之一。紧邻万宁桥的西边有澄清上闸遗迹。在河堤南岸有两块石头的残根，石根前的堤岸条石上有一个石槽，在河北岸相对位置的堤岸条石上也有一个石槽，石槽后有一块残断的巨石。两岸相对的石槽是嵌入闸板用的闸门槽，石槽条石上围着的槽口还有凹形纹饰。闸门槽后的残石应当是闸门石槽的残段。

元代时大都城万宁桥也是内城重要的交通要道，中轴线穿桥而过，南北延伸。这里是北城商业、手工业的中心地带，商贾云集，店肆林立，车水马龙，热闹非凡。

同样，这里也是历代人文活动的重要场所，桥畔的万春园是举子们庆贺欢宴之地。明清两代由于前海种植大量莲藕，每到夏季，这里便成为京城百姓纳凉赏荷的绝佳位置。

永乐迁都之后，漕运的终点站移到北京城外，万宁桥以下的旧漕道不再使用。此后，河道淤塞，水路不通，至 20 世纪 40 年代，桥下仅有少量水流。20 世纪 50 年代出于使用上的需求，河道被填平建房，桥身被埋，桥面铺沥青，仅有栏杆露出地面。

1984 年，万宁桥被列为北京市文物保护单位。2000 年 12 月，应侯仁之等学者的呼吁，北京市政府修复了残坏严重的石桥，并疏浚了河道，恢复了碧水过桥的景致。同时，原桥名“万宁桥”恢复，于桥畔建碑。在清理淤堵多年的河道时，五六件巨大的镇水石兽被挖掘出，它们皆是通惠河之旧物。维修者依照昔时之格局，将这一系列出土文物以及原有的全部构件全部原位保留。2006 年，万宁桥及澄清闸作为大运河的一部分被公布为全国重点文物保护单位。2014 年，京杭大运河被列入世界文化遗产名录。北京市共有 2 处河道和 2 处遗产点入选申报名单，其中，河道就有玉河（字面含义原为“御河”）故道，万宁桥、东不压桥两个遗产点就在玉河故道上。

4. 镇水兽

2000 年在整修万宁桥工程中，被意外挖出的 6 只有龙身龙爪的镇水石兽都是元代通惠河畔的原物。它们造型优美，栩栩如生，是珍贵的石刻艺术品。

这些在万宁桥两侧的趴伏状镇水兽“趴蝮”非常独特（图 5-67）。其中桥东北侧那只雕刻简单朴素，额下刻有“至元四年九月”（1267 年 9 月）的字样，还有几只明代镇水兽保存也较为完好。镇水兽长 1.77 米，宽 9.9 米，高 0.57 米，头顶雕刻有一对鹿角，嘴瘪鼻翘，两目圆睁盯着水面，四爪张开抓着花球，有龙头、鹿角、鱼鳞、麒麟爪、长软尾，脊背骨突出，尾尖为球状，表情凶猛威严，两爪紧紧抓住河沿。它们身上的云纹、水纹、漩涡、波浪等都雕刻得相当精巧，两只还有龙珠，形成一幅“二龙戏珠”的生动场面。

这几组镇水兽雕塑不仅仅是艺术品，而且也有很重要的科学实用性。因为元代什刹海是南来漕运的终点，后门桥所在处当时是个大水闸，粮船通过时不会刮到桥底的水闸。水闸的提放深度是有严格标准的，水位线则标志水的深浅。智慧的工匠们在造桥的同时雕刻出了这样几组镇水兽群像，以 3 个层次的不同高度来标示水的深度。各组镇水兽又分 3 个层次，最下面一层是一只从浪花中探出头来凝视侧上方的镇水兽。最精彩的是最上面那只镇水兽，龙爪中还抓着两团水花，细看其龙头却有几分狮虎相，龙身很短，趴在河沿边的石块上。以精雕的镇水兽用作显示水面高度的水位标尺，这一构思十分巧妙，令人不禁为古代工匠们的杰出才智赞叹不已。

图 5-67　万宁桥镇水兽（组图）

[十六]

钟鼓楼——北中轴的压根收官建筑群

明清北京城的钟楼和鼓楼是集礼仪、祭祀和报时等功能于一体的综合性皇家都城建筑群。皇家通过设立钟鼓楼，掌控人们的起居生活节奏，象征皇帝拥有向天下万民授时的最高权力。鼓楼居南，钟楼居北，二者相距约百米，统称钟鼓楼。

钟鼓楼的位置原是元大都的万宁寺中心阁，万宁寺曾经是元大都南北中轴线的城市标志。万宁寺建于元大德九年（1305 年），为元成宗铁穆耳所建，距今已有 700 多年的历史。明朝建钟鼓楼时拆除了万宁寺。钟鼓楼最初建于元至元九年（1272 年），明永乐十八年（1420 年）二次重建，但之后毁于火灾。明嘉靖十八年（1539 年）鼓楼遭雷击起火，第三次重修；清乾隆十年（1745 年）钟楼再次重建。钟鼓楼在清代历经修复，现在人们所见到的鼓楼建于明代，钟楼则建于清代。民国 1932 年至 1941 年，政府为保护建筑并对其有效利用，对钟鼓楼曾有过不同规模的修缮。1984 年国家拨款对钟鼓楼进行过大规模的修缮。

在城市钟鼓楼的建制史上，北京钟鼓楼规模最大，形制最高，是古都北京的标志性建筑，也是见证中国近百年来城建历史的重要建筑。

在元、明、清 3 代，钟鼓楼作为都城的报时中心，鼓楼置鼓，钟楼悬钟，“晨钟暮鼓”循律韵通。古人鸣钟击鼓是为祈求国泰民安，文武百官上朝和百姓生息劳作的时辰均以此为准。古时依靠天象推测时间：每个晚上都分为五节，每一节是两个小时。定更为晚上的 7 点到 9 点，又叫作初更或者起更；晚上 9 点到 11 点，称亥时，亥时便是二更天；子时则是晚上 11 点到凌晨 1 点，称三更天；凌晨 1 点到 3 点是丑时，为四更天；凌晨 3 点到 5 点是五更，为寅时，5 点到 7 点叫亮更。入夜、天亮的时候一般都要先击鼓，再撞钟。其他时间都是只撞钟不击鼓。击鼓时先快速地击鼓 18 下，然后再慢悠悠地击 18 下，俗称“紧十八，慢十八，不紧不慢又十八。”如此重复 6 次，一共是 108 下。

在元代，鼓楼是建在元大都中心的，原名齐政楼。后来明朝营建北京城，重建了钟鼓楼。1900 年八国联军入侵北京时，虽然钟鼓楼上的文物都遭到了破坏，但建筑没有被毁。到了民国时期，钟鼓楼对外开放，为了让国人不忘国耻，齐政楼改名为明耻楼，不过在第二年又改回来了。之后它们作为具有展览功能的文化建筑相继开放，得到了很好的利用和保护。

历史上的北京钟鼓楼有着一套完整的报时系统：漏刻计时、击鼓定更、撞钟报时。报更时，鼓声雄浑的25面更鼓与钟楼上“古钟之王”永乐大钟的钟声响彻京城。钟鼓楼击鼓鸣钟时声沉宏远，是当时京城报时的标准时间。当时由銮仪卫派旗鼓手专侍其职。1924年溥仪被废除帝号出宫，銮仪卫也随之消失，鼓钟楼就此不再有报时的响声了。

北京钟鼓楼也是见证中国报时历史的重要建筑。两楼前后纵置，巍峨壮观，气势雄伟，体现出高超的建造技术水平和高雅的艺术价值，充分显示出了先人的创意智慧和建设力量 。

1. 鼓楼

鼓楼坐落在北京南北中轴线的北部，坐北朝南，为三重檐歇山顶，上覆灰筒瓦绿琉璃剪边屋面，是一座以木结构为主的古代建筑，通高46.7米（图5–68）。楼身坐落在4米高的砖砌城台之上，东西长约56米，南北宽约33米，台上四周围以宇墙。

鼓楼分两层，一层为无梁拱券式砖石结构，南北各辟3个券洞，东西各辟1个券洞，东北隅设登楼小券门和登楼通道。2层大厅中原有更鼓25面，其中有大鼓1面（代表一年），群鼓24面（代表二十四个节气）。清朝末年时仅存一面残破的主鼓，牛皮鼓面上的划痕是八国联军入侵北京城时用刺刀所划。现在的25面更鼓是根据清朝嘉庆年间的更鼓的尺寸仿制的。

2. 钟楼

钟楼是北京传统中轴线的真正“压轴”建筑物（图5–79）。钟楼在鼓楼以北约100米处，于明永乐十八年（1420年）与鼓楼一起重建，但不久后就被毁。清乾隆十年（1745年）其再次重建，两年后竣工，之后经多次修缮。

钟楼占地约6 000平方米，为重檐歇山顶建筑，通高47.95米。它筑于高大的砖石城台上，有灰筒瓦绿剪边歇山顶，四面开设券门，为了防止火灾，全部用砖石

图 5-68　鼓楼（1941 年摄）

图 5-69　钟楼（1945 年摄）

结构，极为精致坚固。钟楼东北角开一蹬楼小券门，内设 75 级石阶，可由此上 2 层的主楼。主楼面阔 3 间，上有黑琉璃瓦绿剪边覆顶，下有汉白玉须弥座承托，四面分别开一座券门，券门的左右各有一处石雕窗，周围环绕着石护栏。整个建筑结构强调了共鸣、扩音和传声的功能。

钟楼上的钟原为铁钟，铸造于明永乐十八年（1420 年），后因其声音不够洪亮，就另铸铜钟替换之。现铜钟为明永乐年间铸造，钟楼的正中立有八角形的钟架，钟高 7.02 米，直径 3.4 米，重 63 吨，在两侧各吊一根 2 米长的撞钟圆木。其是中国现存体量最大、分量最重的古代铜钟，有“钟王”之称。钟体全部由响铜铸成，撞击时，声音纯厚绵长、圆润洪亮。在过去北京城尚无高大建筑的时代，钟声可以传播数十里远，正所谓“都城内外，十有余里，莫不耸听”。原先钟楼内悬挂的铁钟则被置于墙边，目前已被大钟寺古钟博物馆收藏。

在钟楼附近，曾经还有过一座金炉娘娘庙，保佑铸钟工匠世代平安。

3. 钟鼓楼环境

北京钟鼓楼位于北京南北中轴线的最北端，是全国现存钟鼓楼中保存最完好、体量最大的一组古代建筑，1996 年被国务院列为全国重点文物保护单位。它的环境整治保护和合理利用极为重要。

旧钟鼓楼地区的市场以发达的交通、中轴线皇家文化的熏染、独特的人文和商业气息成为具有独特魅力、熙熙攘攘的购物天堂。元大都时期在京城的三大市场（另两处为西南顺承门羊角市和东南部枢密院角市）中，它是最繁荣的，明清时期，钟鼓楼地区热闹的市场景象一直延续（图 5–70）。因此，保护发展好钟鼓楼地区的市场环境意义尤为深远。

钟鼓楼地区是北京城市中轴线的重要组成部分，是最敏感的地区之一。钟鼓楼这一段中轴线能否保护、建设好，是关系到整条中轴线生态环境的大问题。因为钟鼓楼与周边的胡同、四合院居住区是古都风貌的重要组成部分，承载着大量的历史人文信息，代表了一个时代的民俗文化特征，具有独特的人文价值。钟鼓楼在人们的心目中已成为故都的象征。

鼓楼小广场的北面是赵府街、豆腐池、铸钟胡同、国旺胡同、张旺胡同等传统京味儿胡同，这里的氛围更加安逸，如果能将传统的市场局部恢复起来，无疑将起到提升人气、衬托环境景观的功效。在这方面，不妨参考国外的成功经验，如在瑞士首都伯尔尼的联邦议会大厦前（图 5-71），即有一处开放型市场，管理到位，效果良好。

图 5-70 清末时期的鼓楼前市场

图 5-71 瑞士联邦议会大厦前场市场

在北京传统中轴线的北端，还藏着一座神秘的“龙尾之要”——宏恩观，它坐落于钟楼后 200 米。宏恩观的前身是始建于元朝元贞年间的千佛寺，该寺建在元大都中轴线的最北端，它作为元大都中轴线上最后收尾的镇轴之宝，意在护佑皇城、以阻断王气外泄。宏恩观山门筑在高台之上，气势不俗，它的大殿显然高出周围的建筑，更显得庄严宏伟，道观的前面曾经是开阔的钟楼后广场。在北京的城市规划史上，这座道观的身份举足轻重（图 5-72）。

传统中轴线是北京旧城规划设计的精髓，随着社会的发展，传统中轴线上建筑的历史感正日渐退化，传统中轴线北端的钟鼓楼广场等亟须从遵循北京旧城整体布局的中轴空间营造、中轴文物建筑的保护与展示、历史场所氛围的塑造及多种功能需求的良好融合等 4 个方面着手，探讨城市中轴线场所的有机更新，在历史文化价值颇高的地块，采用渐进式的“微更新”。

钟楼的环境景观必须完整烘托建筑物的视觉形象、环境生态绿化和大众行为心理，即所谓的“景观三元论”；而直觉的景观构成则应包含环境（街容、植被、视线）、

图 5-72　钟鼓楼环境俯瞰（1945 年摄）

尺度（体量、比例）、体形（街景立面、铺装、材质、小品等）、色彩等四大要素。论述景观的保护应持全面的观念，简单化、程式化和表象化都是不可取的。

做好钟鼓楼节点的环境空间控制，研究宜人的空间影响范围尺度，就可以最大限度地彰显出钟鼓楼的建筑形态。在具体的环境设计上，考虑到人视物的最佳视角为仰视 30° 以内、俯视 45° 以内，平面视角范围两侧约为 45° ，而观赏总体形象的仰视视角不宜超过 18° ，据此建议钟鼓楼广场的视线宽度为 330 米（图 5-73）。

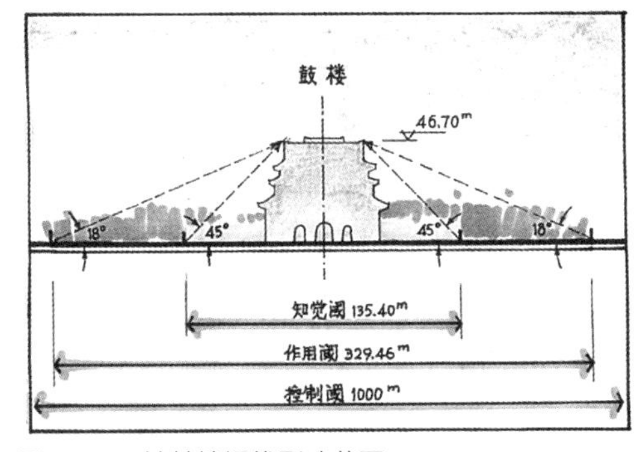

图 5-73　钟鼓楼视线影响范围

[十七]

皇史宬——明清皇家档案库

皇史宬又称表章库，位于北京市东城区南池子大街136号，是中国明清两代存放皇家档案的专属地。它是我国现存最古老、最完整的明清两代皇家档案库建筑群，受到国内外的广泛赞誉。

皇史宬初建时，因其是为敬奉皇帝画像而建，所以名为“神御阁”。工程完工后，明嘉靖皇帝又决定专用该建筑存放皇帝的实录和圣训，而皇帝画像则另修景神殿供奉，因此，“神御阁”便被更名为“皇史宬”。据崇祯朝进士孙承泽《春明梦余录》记载，皇史宬的名字是由嘉靖皇帝钦定的，“宬”字是由嘉靖皇帝“自制而手书”。《日下旧闻考》援引《燕都游览志》中对“宬”的注释：“宬与盛同义，《庄子》：‘以匡宬矢’。《说文》曰：‘宬’，屋所容受也。”在中国历史上，皇帝至高无上，而历朝皇帝又都标榜本朝档案“不虚言，不溢美”，是真实的历史记录，所以用以存放皇家档案的地方便被视为珍藏了中华文化和皇家正史的殿堂。

1. 历史沿革

中国早在秦、汉时期，就有“金匮石室”的制度。《汉书·高帝纪下》记载：“与功臣剖符作誓，丹书铁券，金匮石室，藏之宗庙。”所谓“金匮”，就是铜制的柜子；所谓“石室”，即是用石头砌筑的房子，其目的都是为了防火，可以使皇室珍贵的档案得以永久保存。

以后历代的档案库均承袭了秦、汉的旧制，保存皇帝的“实录”“圣训”“玉碟”等，但多数已被毁，像皇史宬这样保存完整的几乎已经没有了，这就越发显示出这组特殊的建筑所具有的极珍贵的历史价值。

早在明弘治五年（1492年），内阁大学士丘濬就曾奏陈皇帝，提出应收集整理历代的经籍图书，立为案卷保存，“今世赖之以知古，后世赖之以知今”，并建议延承中国古代“石室金匮”的制度，在紫禁城文渊阁附近，建造一所不用木材，全部用砖石垒砌的重楼，上层用铜柜存放各朝皇帝的实录和国家大事文书，下层用铁柜保藏皇帝的诏册、制诰、敕书及内务府中所藏可用于编修全史的文书。他在建议中便基本勾画出了皇史宬的雏形。但由于种种原因，他的建议当时并未能付诸实施，其原因主要是皇家宫殿多次遭受火灾。根据《明史》记载，从弘治到嘉靖年间，火灾屡屡发生，如弘治十一年（1498年）十月甲戌夜晚，清宁宫发生火灾；正德九年（1514年）正月庚辰，乾清宫发生火灾；正德十二年（1517年）正月甲辰，清宁宫小房发生火灾。嘉靖年间火灾更是连续不断：元年（1522年）正月清宁宫后发生火灾，四年（1525年）三月壬午仁寿宫发生火灾，八年（1529年）十月癸未大内所房发生火灾，十年（1531年）正月辛亥大内东偏殿发生火灾，十年四月庚辰兵工二部公廨发生火灾，大量文籍被烧毁……兵工二部的这场火灾也迫使嘉靖皇帝把建造皇史宬再次提上议程。嘉靖十三年（1534年）七月皇史宬正式开建，嘉靖皇帝欲重修历朝皇帝的实录，遂下令大臣筹议建阁收藏皇帝的御像、宝训、实录，当朝吏部尚书、华盖殿大学士张孚敬等重申前议，嘉靖帝随后叮嘱大学士张璁宫中建筑密集，千万要做到防火，南京宫殿的宫门都采用砖砌，没使用木料，可以之作为建筑防火方式的参考。经大学士张孚敬等议定，并经嘉靖皇帝御批，皇史宬建造地点选在了南池子一带。因此处距紫禁城不远，便于专门保管和查阅档案，也可以和其他宫苑建筑相互呼应形成一体。皇史宬建筑规制和南京的斋宫相同，内外用砖石围合，在阁上敬奉历代皇帝像，阁下存放历朝皇帝的实录、圣训。整个工期为两年。嘉靖十五年（1536年），重修后的皇帝实录、圣训奉安进库，皇史宬开始正式投入使用。

此后的历年里，除了清嘉庆十二年（1807年）的一次大修外，皇史宬建筑基本如初。

1911年，清政府被推翻后，皇史宬一度仍归溥仪的“小朝廷”的内务府管理，1925年皇史宬由北平故宫博物院接管。这段时期，皇史宬长期处于封存状态。

1949年，北京市政府把皇史宬列为北京市重点文物保护单位。

1955年，国家档案局成立，皇史宬被移交至国家档案局管理。从1956年起，国家陆续拨款对皇史宬进行了多次修缮。

1982年，皇史宬被列为全国重点文物保护单位。

如今，皇史宬由中国第一历史档案馆直接管辖，所存明清皇家档案已移至中国第一历史档案馆内存放，皇史宬遂成为对外开放展览、展示中华古老档案和文化的重要景点。

2. 建筑特色

皇史宬建筑总长约 49.4 米，宽约 23.6 米，总高约 19.2 米，从基础到屋顶全部由砖石砌成，以防潮、防盗、防虫、防火，占地 8 460 平方米，总建筑面积为 3 400 平方米（图 5–74）。皇史宬的主要建筑坐北朝南，包括皇史宬门、皇史宬正殿、东西配殿、御碑亭等。皇史宬正殿（图 5–75）为砖石结构，建在高 2 米的石台基上，围以汉白玉护栏，面阔 9 间，为黄琉璃筒瓦庑殿顶拱券式无梁建筑。额枋、斗拱、门、窗均用汉白玉雕成，额枋上施描金旋子彩画。殿门五洞，均为两重。室内有汉白玉石须弥座，上置一百多个樟木柜“金匮”。山墙上有对开的窗，以使空气对流。建筑结构具有防火、防潮等特点。其是一座艺术性、科学性、实用性三者兼备的重要文物建筑。由于建筑性能良好，再加上历代精心保藏，这座有数百年历史的皇家档案馆及其所保存的明代实录、宝训及清代的圣训、玉牒等都完好无损。

皇史宬的屋顶上盖黄琉璃瓦，吻兽相向，殿前正前方高悬“皇史宬”匾额，匾额由满汉两种文字书写（图 5–76）。南北墙厚 6.4 米，东西墙厚 3.45 米。据乾隆《钦定大清会典一》记载，殿内的金匮为“楠木质，裹以铜涂金琢云龙文（纹）”，即铜镀金的外皮，内芯为楠木，这种铜金混合物材料的熔点接近上千度（图 5–77）。

3. 收藏文物

皇史宬主要收藏皇族的玉牒，历代皇帝的实录、圣训（宝训）等。这些档案均被存放在金匮内。明代金匮有 20 台，清雍正时增至 31 台，同治时为 141 台，光绪

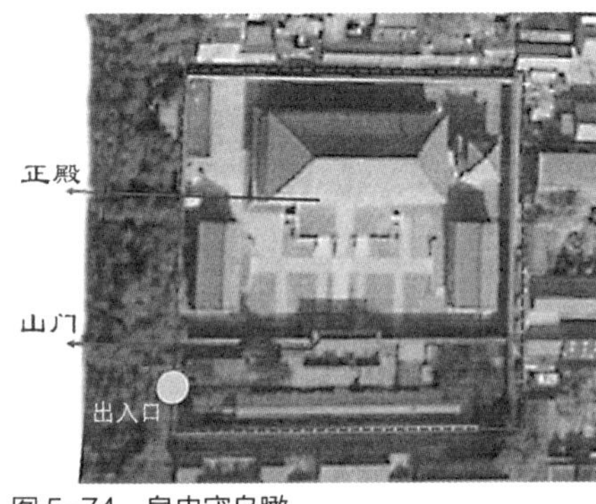

图 5–74　皇史宬鸟瞰

图 5–75　皇史宬正殿

图 5-76　皇史宬门额用满汉两种文字书写

图 5-77　皇史宬“金匮石室”内部

时为 153 台。清代曾有 107 颗将军印信存放于皇史宬，另有《大清会典》等贮藏于此。两侧配殿还保存过内阁题本的副本。

皇史宬珍藏的档案文物众多，主要包括以下两类。

（1）玉牒

玉牒是皇族的家谱。中国历代王朝均纂修玉牒。清代玉牒是唯一完整、系统地保存至今的皇族族谱。在中国第一历史档案馆里现保存着清代各类玉牒达 2 600 余册，在辽宁省档案馆也保存有大体相同的一份。这是我国宝贵的文化遗产，它对于清代的典章制度、宫廷历史、皇族户籍、人口学以及谱牒学方面的研究都具有重要价值。

纂修族谱是豪门望族维护族权统治的一种重要手段，用以正名分、别近远，并作为后代承袭爵产的依据。皇帝作为封建社会的最高统治者，更是将纂修玉牒视为关系王朝政权统治的一件要事。故每逢修玉牒之年份，朝廷即设立专门机构——玉牒馆，由皇帝钦派人员充任总裁，专司其职。

原则上，清代玉牒每十年纂修一次。但顺治、康熙、雍正三朝因将上届纂修之年计算在内，故实际每隔九年纂修一次，直至乾隆朝之后才改为十年纂修一次。其中还有两次情况例外：一是乾隆七年玉牒重修后，本应十七年（1752 年）再修，但事隔 5 年，即乾隆十二年（1747 年）又提前重修一次。再一次是清朝被推翻后，末代皇帝溥仪于 1921 年最后修了一次玉牒。从顺治十八年初次纂修玉牒开始，清代玉牒一共被修了 28 次。

每次修玉牒，玉牒馆总裁都要用红笔在上次玉牒末尾添加上新生者，用墨笔将死亡者的红色名改为黑色名，即“存者朱书，殁者墨书。”从现存的玉牒内容分析，后期所纂修的玉牒较前期内容要多些；两次玉牒纂修时间相距愈近，其内容差别就愈小。例如以光绪、宣统年间各次所修玉牒相对照，除每次在末尾增加几个新名和个别红名被改黑外，内容基本一致。

玉牒修成后，必须举行隆重的恭贮仪式。顺治十三年（1656 年）题准，将玉牒复制缮写三部，皇史宬、宗人府和礼部各藏一部。乾隆二十五年（1760 年）玉牒改为缮写两部，分别存于皇史宬和盛京。送贮之前，钦天监先选择吉日，于宗人府搭设彩亭，用黄盖龙旗仪仗，乐部奏乐；玉牒馆总裁率纂修官员，俱穿朝服，恭奉玉牒，行三跪九叩礼，满汉文武官员于午门外跪迎；皇帝阅毕，内监捧出，再由王公于太和门外金水桥跪送，彩亭由东华门出，玉牒被护送至皇史宬。玉牒送贮盛京，除了送行时仍用隆重礼节外，还要求所经地方设彩棚奉安；出山海关后，盛京将军派官员率满洲兵丁护送，地方文武官员俱穿朝服出城跪迎跪送，至崇政殿陈设后，再送往敬典阁恭贮。

（2）四库全书

“四库”之名，源于初唐，初唐官方藏书分为经、史、子、集四个书库，号称“四部库书”，或“四库之书”。经、史、子、集四分法是古代图书分类的主要方法，名曰“四库”。它基本上囊括了古代所有图书，故称“全书”。《四库全书》的全称为《钦定四库全书》，是从清乾隆三十七年（1772 年）开始，在乾隆皇帝的主持下，由纪昀等 360 多位高官、学者精心编撰，3 800 多人抄写，共耗时 13 年完成的，共收录 3 462 种图书，合计 79 338 卷、约 8 亿字。《四库全书》的内容十分丰富，包括 4 部 44 类 66 属，是极为丰富的文献资料。它是中国古代规模最大的一部官修书，也是中国古代规模最大的一部百科全书。

除以上两类文物外，明朝时《永乐大典》的副本也曾存贮于皇史宬，成为皇史宬的储藏珍品。它也是一部百科全书式的文献集，全书 22 877 卷（目录占 60 卷），11 095 册，约 3.7 亿字，汇集了图书 7 000 多种，展现出中国古代科学文化的光辉成就。

[十八]

双塔庆寿寺——金代古遗迹

庆寿寺别名大兴隆寺、慈恩寺。该寺创建于金世宗大定二十六年（1186 年），距今已有 800 多年，因寺内有双塔，故又称双塔寺。双塔一为九级海云塔，建于 1257 年；一为七级可庵塔，建于 1258 年。清乾隆二十九年（1764 年），该寺院重修，被赐名“双塔庆寿寺”。

1. 历史演绎

庆寿寺曾为金朝庆寿宫及元朝太子功德院，金朝定都中都后，对宗教进行抑制，并将其纳入国家管理范围。寺院多为由朝廷支持或依“诏令”开办的，庆寿寺便是金朝官办寺院之一。

据《日下旧闻考》记载：“上命役军民万人重修，费至钜万。即成，壮丽甲于京都诸寺。”重修后的寺庙“完整雄壮，为京师之冠”。元代著名书画大师赵孟頫曾留诗云“白雨映青松，萧飒洒朱阁。稍觉暑气销，微凉度疏箔……”。据说昔日庆寿寺精蓝丈室之前，松树繁茂，树荫密布，景色十分美丽，有流水横贯东西。后来水干桥废，两石碑留存，上有金章宗亲笔所书的“飞渡桥”和“飞虹桥”6 个大字，笔力强劲，大有王者之气度。元大都南城垣在今北京长安街南侧，自古观象台至鲤鱼胡同之东西一线，如今北京建国门内南侧的古观象台经考古人员勘查证明，这里为元大都城的东南角。据记载，在金中都城东北有座著名的寺庙庆寿寺，寺内有高僧海云、可庵的墓塔。为保存两座宝塔，忽必烈“敕命远三十步许，环而筑之”。元大都南城垣在西段的顺承门东一处稍有凸出（图 5-78），庆寿寺旧址在今北京电报大楼西南侧，现在在西单东仍可以看到长安街南侧路面向南凸出一段。寺早在明朝时就已不复存在，双塔却保存了下来（图 5-79、图 5-80），直到长安街被展宽时被拆除。

庆寿寺自建成起一直受到执政者的重视。明正统十三年（1448 年）重修后，其更名为“大兴隆寺”，又称“慈恩寺”。明嘉靖十四年（1535 年）四月，大兴隆寺遭遇了一场火灾，寺院毁于一旦，只剩下两座砖塔屹立。同时，御史向皇帝进言，

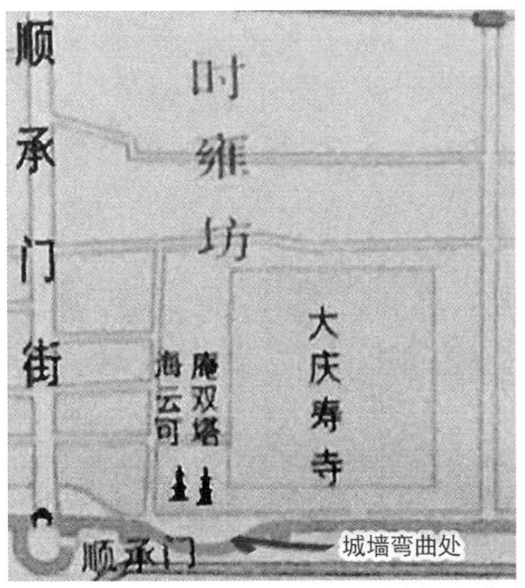

图 5-78　元大都顺承门东为保护双塔城墙向外绕弯

图 5-79　清末双塔寺双塔

图 5-80　双塔寺与现电报大楼的关系

说佛法迷惑百姓，不利于社会风气。双塔寺从此元气大伤，风光不再。明嘉靖十五年（1536年），该寺被改为培训军人的“讲武堂”、训练大象的“演象所”，再也没有了当初的规模和地位。

1955年，在长安街拓宽改造过程中，建筑大师梁思成曾力争保护双塔，然而政府经再三考虑又征求多方意见后，还是拆除了西长安街南侧规划马路当中的双塔。双塔寺经历了由辉煌到衰败，从此退出了历史舞台。

2. 建筑介绍

双塔在庆寿寺的西侧，八角形九层塔为“海云大师塔”，额曰“天光普照佛日圆明海云佑圣国师之塔”；另一座八角形七层塔为“可庵大师灵塔”，额曰“佛日圆照大禅师可庵之灵塔”，是为纪念庆寿寺住持可庵大师而建的。

在海云大师塔前原有碑一座，上书《大蒙古国燕京大庆寿寺西堂海云大禅师碑记》，此碑现存于法源寺内。

海云为庆寿寺住持，名印简，俗姓宋氏，山西宁远人。因他在战乱时竭力救民疾苦，金宣宗赐海云通元广慧大师称号，在其圆寂后为其建此塔。

3. 文化积淀

庆寿寺不仅建筑绮丽，而且在历史上还占有重要地位。明初，燕王朱棣的心腹谋士姚广孝曾经在庆寿寺居住长达20年之久。姚广孝（1335—1418年），字斯道，江苏长洲县（今苏州）人，是明初著名的高僧，杰出的政治家、军事家、史学家和诗人。他14岁时在南京妙智庵出家，法名道衍。明洪武三年（1370年），姚广孝跟随朱元璋第四子朱棣开启了政治生涯。洪武十三年（1380年），他与朱棣一同前往北平镇守，并居住在王府西南方的金元名刹庆寿寺中。姚广孝每日往返于府、寺之间，与朱棣共商大事。在他的劝导下，燕王朱棣借着惠王削藩之机，打着“清君侧”的旗号，攻下建康（今南京），取得了政权，被明成祖授予“资善大夫太子少师”的高爵。姚广孝拒绝了明成祖为他修建府第的美意，继续住在庆寿寺中，并且相继参与了《太祖实录》《永乐大典》的编修工作，从而成为明成祖年间的一代勋臣。明永乐十六年（1418年）姚广孝以84岁的高龄在庆寿寺“趺坐而逝”。为纪念他，庆寿寺中设立了少师影堂，供奉其画像和遗物。

双塔寺内的文化艺术品十分精美，在寺内出土的缂丝工艺品极为出众。缂丝是一种以生蚕丝为经线、彩色熟丝为纬线，采用通经回纬的方法织成的平纹织物。纬丝按照预先描绘的图案不贯通全幅，用多把小梭子按图案色彩分别挖织，使织物上花纹与素地、色与色之间呈现一些断痕，类似刀刻的形象，这就是所谓的“通经断纬”的织法。古人形容缂丝“承空观之如雕镂之像”。据考古证明，在新疆吐鲁番阿斯塔那古墓群中出土的公元 7 世纪的舞俑腰带用的就是缂丝工艺；而更早的楼兰汉代遗址中曾经出土过采用“缂”法织成的毛织物，可见这种工艺历史之悠久。

双塔寺出土的缂丝为元代作品，以紫色为地，上施以黄绿相间的水波纹和卧莲图案，卧莲之间有鹅嬉戏，故被称为“紫汤鹅戏莲”。此件丝织品构图自然，用色简单，织造手法粗犷，工艺以平缂为主。

在当年拆除双塔寺的过程中，考古队员们于庵塔的塔基下发现了一些骨灰，在海云塔下发现了石棺，棺内有木匣，匣中盛放着丝绵包裹的骨灰，骨灰上放着一顶僧帽，木匣四角有“香花供养”4 字，外加铜钱、水晶、宝石等。

另外，这里还出土了一批宋代的日常生活用品，包括钧瓷香炉一只、木质须弥座髹漆涂金小瓶两个，还有丝金纻线、织花稠残片、缂丝等。这些少见的宋代用品极具历史价值，目前被保存在首都博物馆。

双塔寺还是一些文学艺术的创作源头地。如京剧《四进士》就植根于双塔寺。剧情描述的是明嘉靖年间 4 名新科进士于赴任前，在双塔寺盟誓要奉公守法，但后来其中之 3 位因违纪法犯了不同的罪责，最终得到应有的处罚。

双塔寺还是“造景”的场所。在 20 世纪 50 年代中期以前，行人站在西单牌楼东南角老长安大戏院门外朝东看，就似乎会看到那两座塔竟然一座在路南，一座在路北，而向东走到临近塔的时候再看，两座塔原来都在路北的庆寿寺里，而且挨得很近，仿佛长幼相依。这便是极具特色的“长安分塔”景观。

[十九]

陟山门街——另一条“御道”

在清代，为方便皇帝从景山到西苑北海上午出入，一条自景山西门至北海东门（即陟山门）的联系道路被开辟，这便是连接故宫与景山、西苑等皇家园林的重要通道——陟山门街（图 5-81、图 5-82）。该街全长 260 米，宽 6 ~ 11 米。在这条街的北侧，设有一处御史衙门，还建有一个大冰窖——雪池冰窖，街南侧则为大高玄殿的北围墙。

1. 御史衙门

今陟山门街 5 号院原为明代内官监及其库房，清雍正四年（1726 年）朝廷设立稽查内务府御史衙门，由都察院满族监察御史具体负责监督内府官员。御史衙门满语意为“总管查核内务府之衙署”。据《清代国家机关考略》《汉满大辞典》等书籍记述，清朝内务府御史衙门“隶属都察院，掌察核、注销武备院、广储司、六库钱粮，稽察紫禁城内混入容留闲杂人等之事”。在当时，御史衙门是内务府专门为皇室服务而设立的机构，下辖有广储司、都虞司、掌仪司、会计司、庆丰司、慎刑司、营造司等 7 个司，此外还有 3 个织造处及内三旗参领处等附属机构。御史衙门主要负责帝后、嫔妃、皇子、公主的祭祀、节庆、婚丧、嫁娶等所有礼仪的陈设，以及

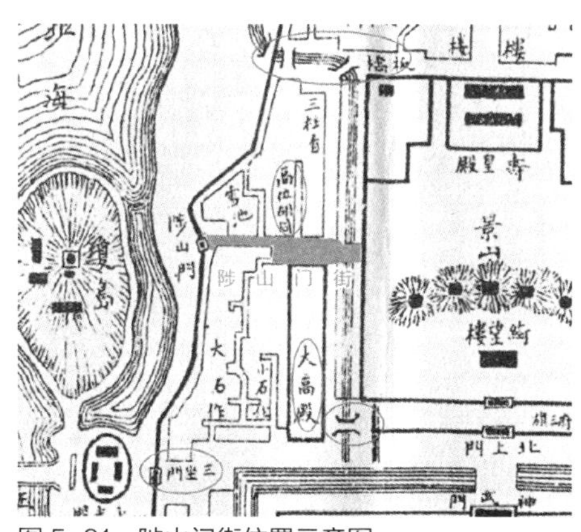

图 5-81　陟山门街位置示意图

图 5-82　从景山上西眺陟山门街

扈从、侍卫和宫廷所属衣食住行等一切用度，是一个维护朝廷日常运行的全权机构。

稽查内务府御史衙门是北京现今仅存的一处最完整的宫廷衙门，极为珍贵。该衙门衙署为两进院落，占地面积 2 400 平方米，建筑面积 2 000 平方米。整个建筑群坐北朝南，主要是清代建筑，原共有房屋 46 间（现存 43 间），主体建筑基本保存了下来。现存建筑有大门 3 间，中轴线两侧各为 5 间转角房，进入大门后依次为正厅 5 间、后厅 5 间、后罩房 5 间。除大门屋面为硬山灰筒瓦外，其余厅房均为合瓦屋面。内务府起到管家的作用，稽查内务府衙门就是监督内务府、防止人员贪污受贿的机构。“稽查”相当于如今的督察。其保存完整，该建筑群对研究清代衙署制度具有十分重要的价值，也是陟山门街历史文化保护区最重要的组成部分。

2. 雪池冰窖

雪池冰窖始建于明代，重修于清康熙年间。其名出自《宋史·朱弁传》：“叹马角之未生，魂销雪窖；攀龙髯而莫逮，泪洒冰天。”

据《大清会典事例》记载：“紫禁城内设冰窖五，景山西门外冰窖六，德胜门外冰窖三，正阳门外冰窖二”，其中景山西门外冰窖即雪池冰窖。它是所有冰窖中规模最大的。雪池冰窖地处皇家禁地西苑，位于北海东门与景山西门之间的陟山门街路北。现在尚存的雪池冰窖乃康熙年间重修的。雪池冰窖共有 6 座，其中沿北海东墙东西排列 5 座，东部尽头处横列 1 座，均为半地下建筑，地面上只露出 1 米左右高的四壁，无窗，窖顶是“人”字形的起脊双坡，覆盖琉璃筒瓦，内部为拱形，极像一个地下城门洞。冰窖的墙体和拱券全部用砖砌筑而成，白灰勾缝，非常坚固。内部空间长 25 米，宽 10 米，高 10 米，窖门有 1 米多厚，密封隔热性能非常好。每座冰窖大约能容纳 2 500 立方米冰，6 座冰窖大约能盛 15 000 立方米冰。

在明清时代，冰是一种仅供官享的宝贵的自然资源，只许官采，不许民采。直到清末民初普通平民百姓才被允许开采储冰。

雪池冰窖是专供大内御用的官窖。每年腊月人们从太液池取冰，经陟山门运出存入冰窖，用于宫廷生活及坛庙祭祀。冰窖由城砖砌筑，两端山墙上开有宽 1 米、高 2 米的拱门（图 5-83），有台阶通往 4 米多深的地下窖底。冰窖内部为砖砌拱券顶，为隔热保温，墙体和拱顶与屋瓦间填有很厚的夯土。

鉴于雪池冰窖的巨大规模及良好的建筑质量，2003 年 12 月其被列为北京市级文物保护单位。

3. 与众不同的区位条件

陟山门街具有以下特点。

（1）地处旅游路线要冲——陟山门街是北海至景山最便捷的通路，中外游客众多，对发展皇城文化旅游有着举足轻重的作用。

（2）文物保护亟待加强——陟山门街北的御史衙门（图 5-84）是封建时代皇族的监察部门，有很高的整理开发价值；冰窖曾为北海公园管理处自行车存放处及库房，局部拱顶已损坏，外围环境十分脏乱，出入交通不畅，亟待整顿修缮。

（3）建筑密集，出入交通不便——本区由于多年的无序增建，建筑密度高达 70% 以上，致冰窖的通路宽度最狭窄处不足 0.6 米，安全隐患突出，必须改善。

（4）基础设施薄弱——由于建筑密集，必要的市政公用设施及管线无法引入各院，居民的生活质量无法改善。北海夹道内架设的地上变压器阻断了夹道的通行，道路胡同行车困难，停车更是缺少必要的空间，动态与静态交通条件亟须完善。

图 5-83　雪池冰窖入口

图 5-84　御史衙门

[二十]
大高玄殿——皇家重点道观庙

大高玄殿是明清两代的皇家专用道观，位于现景山前街西段(图 5-85)。它由一组建筑物及牌坊群构成，始建于明嘉靖二十一年(1542 年)，在嘉靖帝宠幸的道士陶仲文的建议下，最大的皇家道观——大高玄殿建成，其建成至今已有近 500 年的历史。

大高玄殿地处北京皇城之内，由于明清两代宗教政策宽松，信仰较为自由，所以在皇城中既有道教庙宇，又有佛教寺院。明代道教曾盛行一时，明太祖、明成祖等帝王都崇信道教，明世宗时达到顶峰。皇城内敕建了大高玄殿，改建了大光明殿等庙宇。大高玄殿坐北朝南，大门外原有牌坊 3 座、习礼亭 2 座，西牌坊上书“弘佑天民”“太极仙林”。

大高玄殿所处的三座门大街因临街大门是并排的三座门而得名。大高玄殿内有大高玄门、大高玄殿、雷坛、乾元阁等重点建筑。整个殿宇南北长 264 米，东西宽 57 米，占地面积约 1.3 公顷，总建筑面积约 5 300 平方米。

殿的正面有两重绿琉璃仿木结构券洞式门，门后为过厅式的大高玄门。大高玄

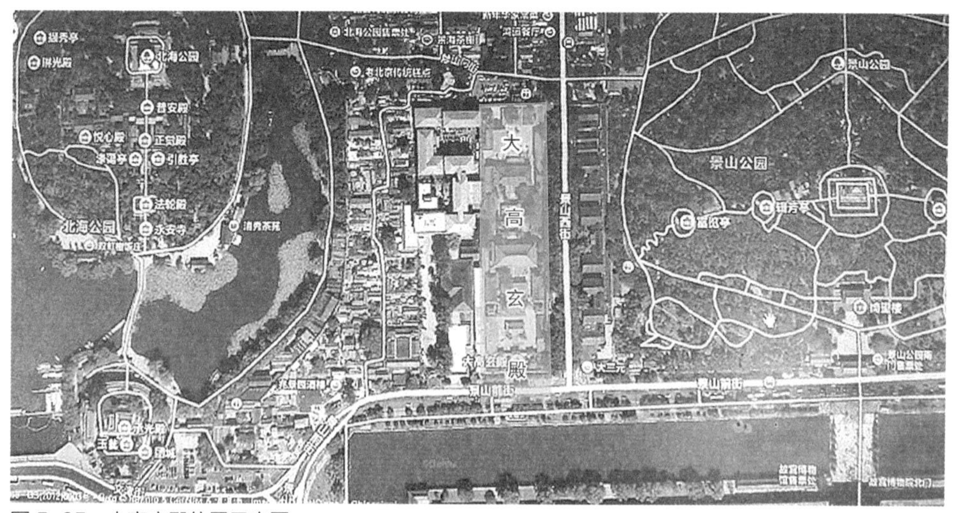

图 5-85　大高玄殿位置示意图

门前原有旗杆（现仅存石座），后有钟鼓楼。正殿名大高玄殿，面阔 7 间，为重檐黄琉璃筒瓦庑殿顶，前有月台，左右配殿各 5 间；后殿名九天应元雷坛，面阔 5 间，两旁配殿各 9 间。现存主要建筑是自垣墙所开辟的 3 座门，护以石栏。出了东三座门可清晰地眺望景山南门（万岁门）及故宫神武门之间的北上门（已于 1956 年拆除）。

大高玄殿是中国古代汉族宫廷建筑之精华，也是无与伦比的建筑杰作。其主要建筑概述如下（从南至北）。

1. 牌楼

3 座牌楼均为四柱三间九楼，正中嵌有汉白玉石匾，两面均刻字，匾上并无上下款，但匾中央有一颗钤印。

南牌楼：正面（南面）为“乾元资始”，背面（北面）为“大德曰生”。

东牌楼：正面（东面）为“孔绥皇祚”，背面（西面）为“先天明镜”。

西牌楼：正面（西面）为“弘佑天民”，背面（东面）为“太极仙林”。

清雍正八年（1730 年）大高玄殿重修，东、西二亭之间增建了一座南牌楼。牌坊用粗大的楠木建成，坊柱入地极深，因此未用支撑牌坊柱子的戗柱。当时在北京众多的牌楼中独此一座。所以老北京有句歇后语“大高玄殿的牌坊——无依无靠”，这也成为南牌楼最大的特色。

1955 年，东、西牌楼被拆除。

1956 年，在拓宽景山前街时，南牌楼与两座木阁均被拆除。

1960 年，以东、西牌楼的构件拼装组成的“弘佑天民”牌楼被移置在北京西郊中共中央党校的庭院内（图 5-86）。当时因构件残缺，仅复建起这一座牌楼，而且由原来的四柱九楼改为四柱七楼。

图 5-86　1955 年大高玄殿前的建筑布局，“弘佑天民”牌楼现存中央党校院内

南牌楼的“乾元资始”石匾是用整块汉白玉石刻制而成

的，石宽 2.29 米，高 0.81 米，厚约 0.1 米，重约 1 吨。它曾流落到月坛公园，成为公园树林中的一个石桌面（图 5–87），几十年来竟完好无损，很是稀罕。2004 年，大高玄殿门前的筒子河北岸南牌楼重建，石匾被找回，在南牌楼上归其原位。

现在的大高玄殿门前恢复了原来的南牌楼，复建后的南牌楼高 10.08 米，宽 16.6 米。根据修复现场挖掘考证，复建的建筑结构形式采用 1937 年复修时的做法，为四柱九楼式，现在的柱基为 14 米，为钢筋混凝土框架结构。牌楼上架沿用了传统的“大木”标准做法，使用金线大点彩画。牌楼四柱的汉白玉夹杆石上雕刻兽麒麟，它们造型优美，整体金碧辉煌，气派宏伟，结构坚固。南牌楼的复建竣工使湮没已久的历史景观重现在故宫后的筒子河边（图 5–88）。

图 5–87 南牌楼的“乾元资始”石匾曾流落至月坛公园里成为石桌的桌面

图 5–88 大高玄殿“乾元资始”南牌楼面朝故宫筒子河

2. 木阁（习礼亭）

两座木阁位于东、西牌楼之间，东边的称“阳真阁”，西边的称“阴灵轩”。它们构造独特，为五花阁式、三重檐、歇山十字脊，结构类似故宫角楼，但习礼亭的造型更为精美。

3. 大高玄门

过厅式的大高玄门面阔 3 间，为单檐歇山顶，屋顶铺黄色琉璃瓦，左右各有偏门一座，名为黄华门和苍精门。

4. 大高玄殿

大高玄殿始建于明嘉靖二十一年（1542年），嘉靖二十六年（1547年）毁于火灾，万历二十八年（1600年）重修，随后在清雍正八年（1730年）、乾隆十一年（1746年）、嘉庆二十三年（1818年）又进行了重修。1900年八国联军侵华时，殿受到严重破坏，后修复。

在清代，因避康熙皇帝玄烨的名讳，大高玄殿改名为大高元殿，后又更名为大高殿。清代皇帝对道教并不排斥，大高玄殿着实风靡一时。

大高玄殿的正南为3座琉璃随墙门（琉璃洞券门），正门基座为青白石须弥座，正门题额为“始清道境”。左右的汉白玉石护栏现已无存。门外原有两座习礼亭和一座牌坊，后被拆除。

大高玄殿正殿是院内全部建筑中级别最高的，大殿面阔7间，面阔34米，进深16.5米，为黄琉璃瓦重檐庑殿顶。大高玄殿彩绘全为金龙和玺彩绘，前檐明、次间各装4扇四抹隔扇门，两稍间为槛窗，均为三交六碗菱花格。大殿坐落于汉白玉石栏杆围绕的青白石须弥座台基之上，殿前为月台，正面踏跺三出，中间有石雕御路，御路上雕有云龙、云凤、鹤等图案（图5-89）。殿前有东西配殿各5间，均为绿琉璃瓦歇山顶。

大高玄殿内的汉白玉石栏杆多有破损，仅云龙丹陛保存完好，殿内原先供奉的三清像已无。

图5-89　民国初年的大高玄殿

2013 年 5 月大高玄殿正式由故宫博物院管理，2020 年大高玄殿恢复原貌，实现开放。

5. 配殿

大高玄门前的配殿名九天应元雷坛或九天万法雷坛，面阔 5 间，面阔 15 米，进深 10 米，为单檐庑殿顶，黄剪边绿琉璃瓦。坛前有月台，围有汉白玉石栏杆。殿内原供奉有真武大帝，是皇帝祈雨之处。雷坛和大高玄殿相比，彩绘和汉白玉石栏杆残缺得较多。两配殿前还有鼓楼（东）和钟楼（西），各为 2 层，为单檐歇山顶。

大高玄门后的左右配殿各为 9 间，为绿琉璃瓦歇山顶，分别为天乙之殿、涌明之殿。

6. 乾元阁和坤贞宇

大高玄殿的最后一进建筑为乾元阁和坤贞宇。这是一座象征天圆地方的 2 层楼阁，上层为乾元阁，平面为圆形，由 8 根柱子构成圆攒尖顶，覆以蓝琉璃瓦，立于平座上，周有围廊，有木质栏杆，象征天；下层为坤贞宇，平面为方形，腰檐铺黄琉璃瓦，单翘单昂斗拱，井口天花绘金龙。阁建于有汉白玉护栏的台基之上，正面中间有踏跺，石雕御路。因外形酷似天坛祈年殿，这一建筑又被称为“小天坛”，阁中原供奉着玉皇大帝，清代皇帝曾在此祈雨。殿的左右配五开间的伏魔殿、北极殿，这两座殿在清光绪之后被拆除了。

大高玄殿院落作为明清皇家道庙古建筑群，于 1957 年被列为北京市第一批文物保护单位，1996 年被列为全国重点文物保护单位。

[二十一]

北京大学红楼——红色新文化发祥地

北京大学红楼（以下简称“北大红楼”）始建于 1916 年，1918 年 8 月竣工。建筑用作校部、图书馆和文科教室，统称为“北大一院”，为当年国立北京大学的标志性建筑。

1. 建筑特色：中西合璧

该楼在设计中融入了西洋建筑元素，成为民国初期北京城内较为显眼的一幢新式楼体。建筑平面呈“工”字形，地上 4 层、地下 1 层。东西面宽 106.10 米，正楼南北进深 14 米，东西两翼楼南北进深各 34.34 米，楼高 23.20 米，占地面积约 1 万平方米（图 5-90）。建筑为砖木结构，通体用红砖砌筑、红瓦盖顶，“红楼”之称亦由此而来。建筑的外部装饰别致，2 层至 4 层为红砖墙、青砖窗套，转角处以青砖作隅石处理，采用“五进五出”式，檐部以西式托檐石出挑，正立面中央入口墙体微向前凸出，入口为干柱式门廊，顶部为西式三角形山花，是一幢典型的中西合璧式建筑（图 5-91）。

2. 建筑地位：独一无二

北大红楼见证了中国在新文化方面的诸多“第一”。

1）马克思主义学说第一次被正式列入大学课程。从 1918 年起，李大钊陆续在北大开设了“唯物史观”“社会主义与社会运动”“现代政治”等课程。在由他主编的《新青年》上，他发表了文章《我的马克思主义观》。这也是中国第一次对马克思主义做比较系统、完整的介绍，李大钊亦成为中国的第一个马克思主义者。北大红楼成为马克思主义在中国传播的主阵地，向世人奏响了高亢的红色序曲，并成为中国革命启动的摇篮。

2）这里是“五四运动”的首发地。1919 年 5 月 4 日，在北京发生了一场以青年学生为主，广大群众、市民、工商人士等阶层共同参与的爱国运动，这是一次中国人民彻底的反对帝国主义、封建主义的爱国运动，即“五四运动”。这场运动中，北大学生从红楼出发到天安门示威游行。1947 年 5 月的“反饥饿、反内战、反迫害”运动，游行队伍同样从北大红楼出发。

3） 北京历史上第一个中国共产党的党组织在此建立。1920 年 10 月，在北大红楼一层东南角的李大钊办公室，北京共产党小组秘密成立了。

4）妇女运动在此开启了“新征程”的探索。1920 年 11 月，北京女子高等师范学校学生缪伯英在北大红楼加入北京共产主义小组，成为中国共产党的第一位女党员，负责筹备北京女权运动同盟会。1924 年 3 月，她任中共北京区委妇女部长。1929 年 10 月，缪伯英在上海病逝前，她感慨道：“既以身许党，应为党的事业牺牲，奈何因病行将逝世，未能战死沙场，真是恨事！”

5）北京第一条以革命运动命名的大街在此诞生。北大红楼以“五四运动”而知名，楼前的大街被命名为五四大街（图 5-92），以体现其在历史文化、特别是在革命传统方面的重要性。

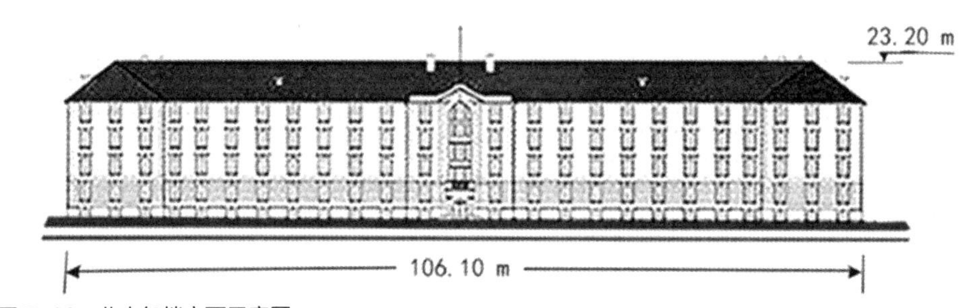

图 5-90　北大红楼立面示意图

图 5-91　1970 年的北大红楼

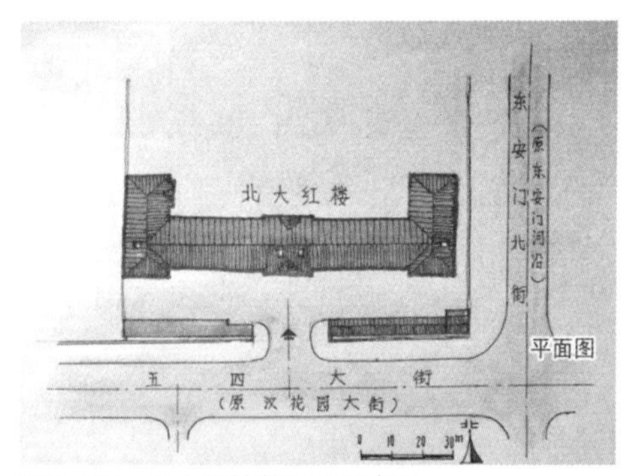

图 5-92　北大红楼总平面示意图

3. 教育思想：永恒先进

北大红楼里出现了一批中国出类拔萃的教师，在当年的校长蔡元培先生看来，学历、资历与年龄都不是任职北大的必要条件，做到“兼容并蓄，思想自由”，这才是办好大学的基础。除了陈独秀，他在短短一年内还聘请了尚未拿到博士学位的胡适、年仅 25 岁却在新闻界崭露头角的徐宝璜、没有大学学历甚至准备出家的梁漱溟等人。当时的北大既有主张新文化运动的领袖式人物陈独秀、胡适、鲁迅等，也有“旧派人物”如辜鸿铭、刘师培等。正是在正确的教育方向的引领下，“爱国、进步、民主、科学”的不朽精神注入了每一位师生的灵魂中，北大红楼的光荣传统得以承袭。

正因为具备了上述出众的红色基因，1961 年 3 月 4 日，北大红楼被列为第一批全国重点文物保护单位。北大红楼如今是闻名的红色革命传统教育基地，并已向公众开放。

[二十二]

北海——京城历史的印记、造园艺术的绝笔（附中南海）

阐述北海得先从“西苑三海”的历史沿革说起。西苑三海是北海、中海和南海的总称，它是一片历史悠久且保存基本完好的皇家风景园林，有“一池三山”的布局。西苑三海总面积约1.67平方千米，水面近0.87平方千米，园内水面宽广、景色万千，建有琼华岛、瀛台、水云榭、丰泽园、紫光阁、静心斋等多处景点，古人曾称赞此地“风物胜于圆明”。因此地与紫禁城相距不远，故是昔日帝王重要的赏景、游宴之地。西苑三海作为皇家园林的历史十分久远，从金代的大定十九年（1179年）在此挖湖堆山起算，至今已有840余年。

北海是我国迄今保留下来的历史最悠久、保护最完整的皇城宫苑。它东临故宫、景山，南濒中海、南海，西接兴圣宫、隆福宫，北连什刹海，是北京城中风景最优美的前“三海”之首。北海体现出独特的造园技术和艺术风格，甚至比昆明湖更胜一筹，是我国古代园林的精品之作和最珍贵的中华文化遗产之一。

北海的历史和北京城的发展有着密切的联系。这里最初是永定河的故道，河道在自然南迁后仅留下一片原野和池塘。北海园林的开发始于辽代。辽太宗耶律德光在会同元年（938年）建都燕京后，于城东北郊的“白莲潭”建“瑶屿行宫”，并在岛顶建“广寒殿”等一系列建筑。《辽史》有记载：“西城巅有凉殿（即广寒殿），东北隅有燕角楼、坊市、观，盖不胜书”。以上史实均可说明“瑶屿行宫”早已存在。

金灭辽后，改燕京为中都。金代的海陵王完颜亮天德二年（1150年）扩建“瑶屿行宫”（即北海），增建了“瑶光殿”。金大定三年至十九年（1163—1179年），金世宗仿照北宋汴梁（今河南开封）艮岳园，建琼华岛，并从“艮岳”的御苑运来大量太湖石，堆砌假山岩洞等园林景色，以瑶屿为中心，修建大宁离宫。据说辽国萧太后的梳妆台就在瑶光殿。从那时起，北海就基本形成了今天皇家宫苑的格局。当时挖“金海”挖出的土被堆成岛屿和环海的小山，岛称“琼华岛”，水称“西华潭”，琼华岛上的广寒殿等建筑则被重修。

后来蒙古军队攻打金中都时，大宁宫所受损坏不大，当时忽必烈驾临中都，大多驻扎于大宁宫。此处地势高爽，地形平整宽阔，适合建设大型城池。而原先金中都的城东、南地势低洼，沼泽池塘密布，北侧还有浑河（即永定河）流过，自然灾害频发，并不是理想的城址，必须改善地形才能建设新都。

元至元元年（1264 年），忽必烈下令扩建琼华岛（即今北海公园白塔岛）。在元大都的工程尚未开工就先修建琼华岛，说明忽必烈对此处十分重视。天文学家、水利学家郭守敬向忽必烈提出改造中都旧闸河，引玉泉山的泉水以通漕运，这样，城市各种用水以及漕运的问题均能得到解决。新城以大宁宫为中心的方案得到了忽必烈的批准。元至元八年（1271 年），琼华岛改称万寿山（又称万岁山），随即皇家以琼华岛为中心，湖的东西两岸又营建宫殿，北海被建成颇具气势的皇家御园。明天顺二年（1458 年），“太素殿”建于北海北岸（现五龙亭位置），由于用锡作材料，太素殿又被称为锡殿或避暑凉殿。修建此殿役使工匠 3 000 余人，用白银 20 万两。东岸建凝和殿，西岸建迎翠殿。

但是在明万历七年（1579 年），万寿山上历经了 4 朝 600 余年风雨、战乱的广寒殿坍塌，从此“人间天宫”的主景建筑化为乌有，成为令人扼腕的千古憾事。

清乾隆六年至三十六年（1741—1771 年），朝廷再次对北海进行了大规模的修葺和增建，建了许多亭、台、殿、阁，把江南园林的造园精华引进皇家宫苑，先后建成了北海的画舫斋、静心斋、濠濮间等“园中之园”（类似无锡惠山脚下锡惠公园内的寄畅园）。建设过程前后历经 30 年之久。清乾隆自谓“园林之乐，不能忘怀”。晚清时期，清光绪十一年至十四年（1885—1888 年），慈禧用海军经费重修“西苑三海”的建筑，还在西岸和北岸沿湖铺设了中国第一条铁路，在静心斋前修建了一座小火车站，专供自己乘小火车来园游宴。

现在北海公园全园占地面积约为 71 公顷，其中水面面积约 39 公顷。主要建筑大多集中在琼华岛和北海沿岸的东、南、北 3 个方向，全园布局以琼华岛为主体，以白塔为中心，各景点既各具特色，又与全园风格和谐一致。

琼华岛位于太液池中，因山顶有清顺治八年（1651 年）建造的白塔，故又名白塔山，山高 32.8 米，琼华岛山南以永安寺为主。永安寺与白塔同时建造，两者同在一条轴线上。永安寺坐北朝南，倚山而建，层层升起。主要建筑有山门、钟鼓楼、法轮殿、正觉殿、普安殿、琉璃善因殿等。在雍正、乾隆年间，朝廷对白塔进行了重修。白塔为覆钵喇嘛塔，塔身通体白色，全部用砖砌，塔座为方形，每边宽 18.2 米，全塔通高为35.9米，白塔山轮廓的总高度为68.7米(图5-93)。

在白塔山西侧腰部，有悦心殿、庆霄楼等建筑，这里是皇帝理事引见、观赏风景及八旗北海嬉冰的地方。自悦心殿而下，又有琳光殿、阅古楼等一组建筑。阅古楼造型别致，坐东朝西，采用筒瓦重楼大式做法，朝西侧为半圆形，面阔12间，上下各有25间。楼梯呈螺旋形，楼上楼下的墙壁上镶嵌着三希堂法帖共495方石刻，书法及刻工均极为精妙，是我国历代书法的重要汇聚处。

图5-93　北海琼华岛顶的白塔

白塔山东侧山腰间有半月楼、智珠殿等建筑。北海的东岸有濠濮间、画舫斋、蚕坛及冰窖等主要建筑。北海北岸的主要建筑有静心斋、阐福寺、西天梵境、万佛楼、小西天、澄观堂等。静心斋初名镜清斋，为清皇子读书之所，也是北海的园中之园。西天梵境占地约4.7公顷，其门前牌坊及山门均为仿木琉璃砖瓦结构，正殿为大慈真如殿，面阔5间，全部由楠木所建，采用黑琉璃筒瓦黄剪边重檐四坡顶，内供3尊5米高的大铜佛。万佛楼为乾隆三十五年（1770年）乾隆帝为其母孝圣皇太后八十寿诞而建。楼内曾有木质佛龛1万个，装有1万个金质无量佛，清光绪二十六年（1900年），八国联军侵入北京，北海惨遭践踏洗劫，他们在北岸的澄观堂设立了联军司令部，把万佛楼的金佛及园内其他宝物劫掠一空。

五龙亭在清顺治年间改建，是北海北岸的临水亭榭，5亭毗连，颇具特点，古时为帝王钓鱼和观看焰火的地方（图5-94）。

北海公园有着极为深厚的文化内涵，特别是在造园艺术方面，真可谓集艺和技的精粹于一身，展现出独特的意境及高妙的技法，甚至高于颐和园、圆明园等皇家名苑。

图 5-94　北海五龙亭

1. 立意深奥

“蓬莱”是秦代以来皇家追求的仙境，传说东海深处有仙山，在那里“无风而为波浪，万丈不可往来”，除了神仙能驾飞往来之外，凡夫俗子是可望而不可即的。为求仙延寿，秦始皇曾在咸阳上林苑中修建了“兰池宫”以模仿仙境。该宫用“一池三山”为蓝本，“一池”象征浩瀚的东海，“三山”则代表其中的蓬莱、方丈和瀛洲3座仙岛。北海沿袭了历代关于“海岛仙山”的模式，用太液池喻东海，琼华岛、瀛洲（团城的古称）和犀山台3座岛屿象征3座仙山，以满足皇帝在此仙境生活逍遥、长生不老的心愿。

2. 巧于借景

“景观”（landscape）一词十分热门，其实我国对城市景观及造园理论的探索已有几百年的历史。明代的造园景观大师计成（字无否）早在400多年前即提出了“巧于因借，精在体宜”的八字精辟论述（《国冶·兴造论》）。

北海在园林设计上，出色地运用了此八字真言，突破了自身空间的局限，把园外景山的景色“借”入园中，延伸了空间尺度，丰富了景观层次。园中的山与水相互衬映，山有水而灵、水有山而秀（图 5–95）。这正是中国造园文化艺术的精华和特色所在。

3. 曲轴连景

团城与北海公园连为一体，也是北京城内历史最悠久的宫苑之一。值得注意的是，团城承光殿的轴线与琼华岛白塔山永安寺的轴线错开了约 15 米，承光殿的轴线在西，永安寺的轴线在东，而造园匠人破天荒用一座反“S”形曲桥——堆云积翠桥把两条轴线融为一体。这种在园林中以曲桥把空间巧妙自然地结合在一起的技法体现出极为独到的创意（图 5–96、图 5–97）。

4. 因地造势

北海公园原为皇家园林，皇帝经常来此巡游，但摆在造园者面前最大的难处却是园外建筑、街巷密集。古时帝王在园内的活动绝不能受到园外干扰，虽然在园内景物最集中的东部围墙之外专门辟了一条防护兼消防用的夹道，仍不足以达到阻隔视线的效果。“市井不可园也；如园之，必向幽偏可筑”，本句意为，城市内不可造园，如要造园，必须筑于幽静、偏僻的地方。北海公园巧妙地在东部填土，造出比人视

图 5–95　把景山万春亭和琼华岛白塔“借”入北海

图 5–96　反“S”形曲桥——北海堆云积翠桥

图 5-97　从团城上看北海堆云积翠桥

线平视更高的地形，既丰富了园内景观和层次，又阻隔了东侧外部的杂景，体现了我国造园叠景应具“不尽之感”的传统，更突出了园内隔绝世尘、自成一体的意境。

附：中南海

中南海是中海、南海的合称，它们以蜈蚣桥为界（中海与北海以金鳌玉蝀桥为界）。中南海占地约 100 公顷，其中水面近半，园内现存建筑主要是清代遗存。

明代初年，中南海曾是燕王朱棣的王府，后为清代皇宫的“西苑”，其当时只有与紫禁城西华门相对的西苑门，没有面南的正门，即尚无新华门。后来传说是乾隆帝为他所宠爱的回族妃子——香妃修建了一座楼，原称“宝月楼”。该楼为黄琉璃筒瓦顶重楼重檐，面阔 7 间，香妃能登楼眺望，抚慰思乡之情。正对这楼的南面建了一个“回回营”，迁入回民部族居住。当时宝月楼并不临街，距城墙还有一段距离，这里不过是整座皇城红墙的一段，墙上无门，墙内是中南海太液池的南岸。

著名的瀛台位于南海中的半岛上，三面临水，是清皇室的避暑胜地，也是康熙、乾隆、光绪等皇帝处理朝政之地。瀛台的主体建筑有勤政殿、涵元殿、翔鸾阁等。勤政殿位于岛的最北端，建于清代，为慈禧太后垂帘听政之所。民国时，袁世凯将这里改建为接见外宾的西式礼堂。1898 年戊戌变法失败后，光绪帝被囚禁于涵元殿。

勤政殿西有丰泽园，原为皇帝行演耕礼的地方，园西有荷风蕙露亭，园内有菊香书屋。紫光阁位于中海西北岸，明代称为平台，其上建黄顶小殿，是明武宗看骑射和观龙舟的地方，之后改称紫光阁，此名字从清朝一直沿用至今。乾隆帝为炫耀武功，重修紫光阁，并在殿内悬挂功臣图像，刻御制诗。此外，中海的东北岸还有蕉园、万善殿、水云榭等建筑，其中万善殿为明朝遗物，水云榭立有乾隆御笔“太液秋风”石碣，为旧时的“燕京八景”之一。

新华门所处的位置原来只是皇城的南城墙，并不是“门”。1913 年，临时国会决定将中南海辟为大总统府，便在此辟正门。宝月楼前的一段城墙被拆除，宝月楼的两侧新砌 2 片八字墙，正好将皇城的墙和宝月楼连接起来。由于门内是一片碧波的中南海，因此又在滨湖的南岸修建了一片大影壁，以遮挡人的视线。同时，这座新辟的总统府正门被正式定名为“新华门”，此名称一直沿用至今（图 5-98）。新华门对面的“府前街”南侧砌筑了一道西洋式花墙，以遮挡背后杂乱破旧的老房，改善总统府前的景色，这一段有特色的花墙也一直被沿用至今。新华门前的石狮子是北京城里最大的一对石狮。

府右街的诞生

府右街的历史虽短，但其知名度却颇高。清末宣统元年，隆裕太后破例恩准皇父摄政王载沣在皇城以里、太液池边的集灵囿建造一所新的摄政王府，摄政王府的规格必须高于一般的王府。在国力衰败、民生凋敝的情势下，王府还是建造得极为奢华。但王府尚未完工，大清便亡国了，1918 年以后这里先后成了徐世昌的总统府、陆军部和海军部、北洋政府的国务院及北平市政府的所在地。当时主持新华门改建工程的内务总理朱启钤，将新华门前的一段街命名为“府前街”，为了进出方便又拆除了王府右侧的一片民房，开辟了一条新街，与灵境胡同以南、皇城墙旁的灰厂街连在一起，这条在中南海西侧新开辟的小道由于正好位于总统府的右侧，便得名“府右街”。这条街上还有抗日名将张自忠生前在北京的居住地。在府南的排水沟上改建的道路被命名为“新华街”，此路名也沿用至今。

1928 年后，国民政府将首都设在南京，北京改称北平。次年中南海被改辟为公园，新华门为中南海的正门。

1949 年北平解放，改称北京。全国政协和中央人民政府曾设在中南海，仍用新华门作为政府的正门（图 5–99）。

1970 年代末，政府计划对摄政王府落架大修，但发现地基松散，建筑质量非常低劣，木柱间的裂缝用碎砖填充，实在无法保留，只得将部分建筑拆除。现其仅存正门和正殿作为会议室。

府右街上，绿荫如盖，中南海外，红墙肃穆。在静寂的街道上，流溢着已逝去的时光。人们走过这条幽静而美丽的街道时，心中会荡起一种激情。

图 5–98　1913 年“宝月楼”前辟建“新华门”，作为总统府的正门

图 5–99　1949 年全国政协在新华门内办公

[二十三]

团城——世界上最小的微型城垒

团城原是太液池中的一个小岛，早在金代，团城就是中都城东北郊御苑的一部分。元代在其上增建仪天殿，明宣宗朱瞻基在对北海的万岁山进行大规模扩建和修缮的同时，又在圆坻（今团城）修复了仪天殿，并在团城的东部拆桥填土，将其与陆地相连，在岛屿的周围加筑城墙，墙顶被砌成城堞垛口，东南两处水面被填为平地，现存的团城为清康熙、乾隆年间重修的圆形高台。团城“城”的形象初步形成。

团城的城垛高 4.6 米，东西长 82 米、南北长 85 米。这是一个“麻雀虽小”却“五脏俱全”的城堡，具备“城”几乎所有的功能，城墙、垛口、角楼等一应俱全。

团城设有两个门，东为昭景门，西为衍祥门，入门有蹬道，蹬道出口处各有形制相同的罩门一座。其为黄琉璃筒瓦绿剪边单檐庑殿顶，面阔一间，进深一间。

团城建筑按南北向中轴线对称式布置，以承光殿为核心，南有玉瓮亭；北有敬跻堂，平面呈半圆形，面阔 15 间，为黄琉璃筒瓦绿剪边单檐歇山顶，廊带坐凳、栏杆；东有朵云亭、古籁堂；西有余清斋、镜澜亭、沁香亭，在团城上可观看北海园中风景（图 5-100~ 图 5-102）。团城布局紧凑严整，建筑风格独特。

承光殿是团城的主体建筑。清康熙十九年（1680 年）其被重建，乾隆年间其又经较大的改建，原半圆平面被改成“十”字形平面，南面有月台一座。殿中间为边长 14.5 米、面阔 3 间的方形大殿，为黄琉璃筒瓦绿剪边重檐歇山顶，面阔、进深均 3 间。殿的四面正中凸出抱厦一间，抱厦为黄琉璃筒瓦绿剪边单檐卷棚顶，整体形似故宫的角楼，是北京古代宫殿中少见的制式。

承光殿中央佛龛内供奉着一尊释迦牟尼佛坐像，其由整块白玉石雕刻而成，佛高 1.5 米。白玉佛通体莹润、玉如羊脂、洁白无瑕，故称白玉佛。玉佛左臂披金色袈裟，衣纹自然流畅，头顶和袈裟上镶嵌着各色宝石，熠熠生辉。其被称为团城一宝，也是北京最大的一尊玉佛。相传玉佛为清光绪二十二年（1896 年）明宽和尚从缅甸募化来后专门进献给慈禧太后的，慈禧还为之亲笔题写了联额。只是 1900 年八国联军在这尊玉佛右臂处砍了一刀，如今只能以袈裟掩盖那道刀痕。

这里要特别对玉瓮亭进行述评。它是团城里的“小品”型建筑，是一个面宽仅

3 米的方亭，但却灵气十足。它于清乾隆十一年（1746 年）建在承光殿前，有蓝顶白柱、四面合角吻顶，上覆蓝琉璃瓦，中为铜鎏金宝顶。亭内陈列着玉瓮，其又称“渎山大玉海”，置于石莲花座上。玉瓮制作于元至元二年（1265 年）。其呈椭圆形，通高 0.7 米，直径 1.5 米，周长 4.93 米，重约 3 500 千克，周身浮雕出没于波涛之中的海龙、海马、海猪、海犀等，栩栩如生。玉瓮相传是元世祖忽必烈为犒劳将士而特制的，其雕刻精美，形象生动。元代初期玉瓮曾被放置在琼华岛广寒殿中，明

图 5-100　1940 年航拍团城

图 5-101　团城全貌模型

图 5-102　团城承光殿

代广寒殿倒塌，玉瓮失落于民间。清乾隆十年（1745 年）丢失的玉瓮被找回，乾隆皇帝“令以千金易之，置承光殿中”。乾隆十四年（1749 年），玉瓮亭被专门建起，玉瓮陈设于亭中并配有汉白玉雕花石座（图 5–103）。皇帝还命翰林 40 人各赋诗一首，刻于亭柱之上。玉瓮厚重古朴、气势雄浑，是难得的元代玉雕精品。

1961 年，国务院将团城列为全国重点文物保护单位。

团城西有一座北京城内最长的古桥——金鳌玉蝀桥，现名北海大桥。桥的东西两端各建有一座木牌楼，桥西牌楼上书写“金鳌”二字，桥东牌楼上书写“玉蝀”二字，金鳌玉蝀桥的桥名因此得来。“金鳌”出自《列子·汤问》，东海有巨鳌驮载着仙岛漂浮于水面，暗指琼华岛、团城和瀛台都是仙岛；“玉蝀”出自《诗经·蝃蝀》“蝃蝀在东，莫之敢指”诗句，“蝃蝀”意为彩虹，玉蝀是形容此桥像是玉石砌成的彩虹。

图 5–103　团城玉瓮亭

桥洞被定为九孔，因太液池面宽达 160 米，桥墩的厚度必须格外加大，形成了墩厚大于跨径、每个石拱券顶都有一螭状吸水兽头的独有建筑造型。清代诗人张廷路的《晓过玉蝀桥》曰：“百尺长虹卧碧波，菰蒲两岸晓烟多。水风吹绿不知暑，日日藕花香里过。”1954 年，为完整保护团城，桥面向中南海方向扩展，“金鳌”“玉蝀”两座牌坊被拆除（这两座牌坊曾被移至陶然亭公园内）（图 5–104~ 图 5–107）。

图 5–104　1930 年前后，金鳌玉蝀桥横卧于太液池上

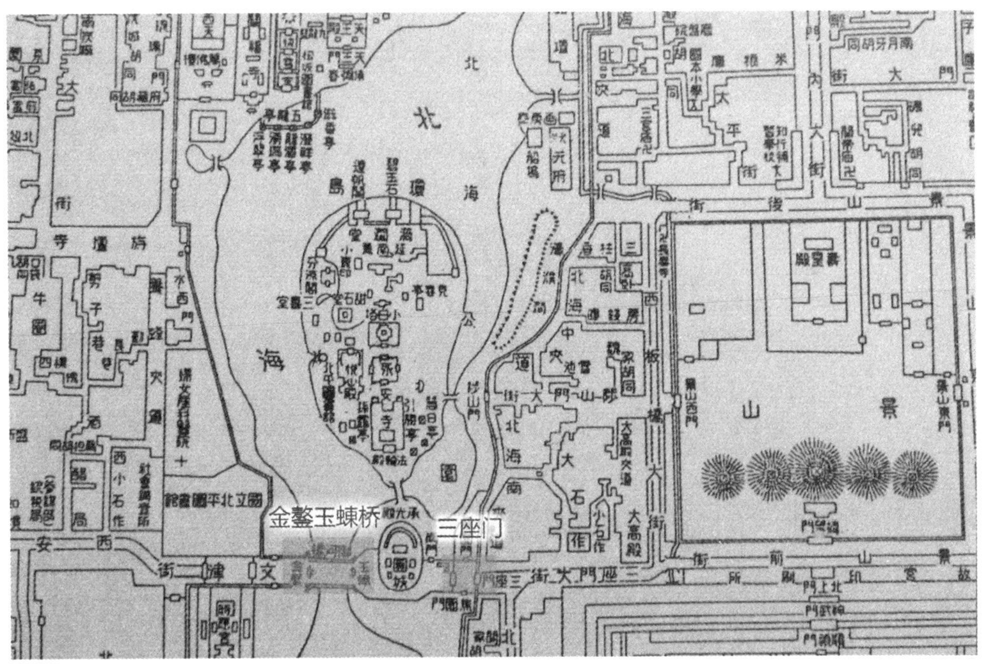

图 5-105　金鳌玉蝀桥与三座门关系示意图

图 5-106　金鳌玉蝀桥（图片来源：八国联军侵华的老相册）

图 5-107　原金鳌玉蝀桥拓宽后称北海大桥，桥头牌楼已被拆除

六、实录之三：后续段

[二十四]

什刹海——北京城的“鼻祖”

如今的什刹海早先是古高粱河的一段，之后渐成湖泊，在金代被称为白莲潭，它的北部水域在元代名海子或积水潭，明代之后才被称为什刹海。民间俗语有言“先有什刹海，后有北京城”。什刹海不仅是京城自辽金以来一千多年历史的见证者，也是中华民族浩瀚文化的积淀场，更是集京城民风民俗之大成的荟萃地。

元至元四年（1267 年）时兴建的大都城北靠雄关峻岭，南临广袤沃土，但由于京城的地势高，南粮北运进京的漕船很难直接进入京城。忽必烈令都水监郭守敬开凿一条进京的河道。郭守敬从昌平引水源积蓄到积水潭，然后经皇城东侧南流，至通州接白河，这才解决了漕运难题。元至元三十年（1293 年）元世祖自元上都返抵元大都，见积水潭“千帆”云集，心情大悦，将这条河道赐名为“通惠河”。通惠河成为京杭大运河的北端，成为南北交通大动脉的终点。

什刹海是北京著名的历史文化保护区和历史文化旅游风景区，位于西城区，毗邻北京城中轴线。早在金代，什刹海就是中都城东北郊的重要水系，也是燕京八景之一“银锭观山”的起始点。

什刹海历史文化保护区的水域面积达 33.6 公顷，与中南海水域一脉相连，是北京内城唯一一处具有开阔水面的开放型景区，也是北京城内空间最开阔、功能最丰富、风貌保存最完整的一片历史街区，在北京城市规划建设史上占有独特的地位。早在 2000 年，北京市政府批准的北京 25 片历史文化保护区中什刹海地区面积最大、历史最为悠久。什刹海的西岸也曾是汪汪水域，风光旖旎。什刹海素有“北方水乡”的美誉，《帝京景物略》中曾用“西湖春，秦淮夏，洞庭秋”来赞美它的神韵。

用“一泓什刹海，半部近代史”来概括什刹海的历史文化地位并非言过其实。北京在历史上的特殊地位，决定了什刹海的历史文化遗存储量极丰、品位极高。

什刹海保护区内有40余处各级文物保护单位。它们文化底蕴极为深厚，大致可分为以下六大类。

1）名胜古迹文化类：德胜门箭楼、钟鼓楼、后门桥、银锭桥、会贤堂、荷花市场。

2）王公府邸文化类：恭王府及花园、醇亲王府、庆王府、涛贝勒府、棍贝子府及花园、摄政王府马号。

3）名人故居和纪念馆文化类：宋庆龄同志故居、梅兰芳故居、徐悲鸿纪念馆、陈垣故居、老舍故居、萧军故居、张之洞故居……

4）宗教文化类：广化寺、拈花寺、汇通祠、大藏龙华寺、寿明寺、火德真君庙、关岳庙、贤良祠、净业寺、广福观、药王庙。

5）传统街巷与民居文化类：烟袋斜街、金丝套地区、胡同与四合院。烟袋斜街是一条充满京味儿的民俗商业街，基本保存了明清的建筑风貌，许多胡同还与历代名人及重大历史事件有着千丝万缕的联系，是地区文化的重要组成部分。

6）非物质文化类：什刹海过去是现在仍然是北京民风民俗的包容之所。柳荫军民文明街则是全国文明模范街区。过去，荷花市场是平民百姓游玩娱乐的重要场所，戏剧、曲艺、杂技荟萃于什刹海畔，商业餐饮“老字号”更是云集于此，“会贤堂”的南北大菜、满汉全席，“烤肉季”的烧烤，“合义斋”的灌肠……不胜枚举。

什刹海历史文化保护区与地安门外大街——钟鼓楼传统中轴线是一个整体，它们在功能上互为衬补、在景观上相映烘托、在空间上相互渗透。游客登后门桥西眺，可观览什刹海山水一色的京城胜景。在什刹海地区的建设整治计划中，地安门外大街至钟鼓楼一线具有举足轻重的地位。

什刹海的银锭桥因形状似银锭而得名，是前海与后海的“分水岭”。桥虽然袖珍，但名气很大。它是什刹海到钟鼓楼、北海公园、恭王府、烟袋斜街、大运河码头等的交通要道。桥小人气旺，全国各地乃至世界各地慕名而来的游人络绎不绝，熙熙攘攘，这里从早到晚热闹非凡。可以说，银锭桥是北京最繁忙的古桥之一。近代以来，银锭桥曾经多次翻修。现存的桥为2011年重建的，桥身石材全部保留利用，原桥的尺寸和外观未改变。

银锭桥的魅力何在？它在什刹海地区乃至北京城都极具影响。站在银锭桥上临水远眺西山，视野极为开阔，杨柳葱茏流翠，远山郁郁葱葱，景色优美、颇富诗意。

此外，什刹海东岸的火德真君庙也是什刹海地区的重要文化遗存亮点之一（图 6-1、图 6-2）。2007 年，前海东岸的火神庙西侧广场立下了一块泰山石石碑，其宽 5.2 米，高 2.8 米，正面镌刻有“京杭运河积水潭港”8 个金字（图 6-3），右碑西南侧有一青石碑，上书的《京杭运河积水潭港碑记》介绍了什刹海的历史由来和元大都的形成，以及当时积水潭的重要区位。

图 6-1　什刹海与火德真君庙的空间关系

图 6-2　什刹海火德真君庙南门

什刹海历史文化保护区需要强调的是古都风貌的延续性和整体性。延续性体现在什刹海地区深厚的历史文化积淀和独特的风貌特色上；整体性则展现为诸多风貌的协调上，以及与中轴线上民居、商铺、府第、寺庙等在尺度、色彩、环境等方面的有机组合上。因此，若要完整地展现中轴线建筑空间序列，不仅要保护文物建筑本身，还要维护好什刹海地区建筑（含近现代建筑）的整体性。

什刹海传承了千年的运河文化，这里不仅留存有古运河的风貌，更有大运河的一些活态遗产，这就需要大运河文化遗产保护同生态环境保护提升及文化旅游融合发展有机统一起来。

什刹海原是水乡型居住区，这在中国北方是极为珍贵的。北京将进一步恢复什刹海的湿地生态，再现世界大都市少有的城中央湿地景观，将什刹海地区打造成环绕中央湿地这一最佳人居环境的中央游憩区。只要把这些最具深厚文化底蕴的资源和初级产品加以整合、提升，就可以推出在北京旅游市场上处于领先地位的古都深度之旅。旅游经济是特色经济，特色是旅游的灵魂，文化是特色的基础。游客千里迢迢前来，其旅程本质上也是购买文化、消费文化、享受文化的过程。什刹海街区具有发展特色旅游的基因，也更有条件实现发展特色旅游的目标。

但由于前些年商业过度开发，酒肆丛生，在构筑“空中四合院”的鼓噪下，什刹海地区的不少建筑屋顶上布置上了餐桌、遮阳伞。如此罕见的历史保护区没有得到合理的保护，不能反映出本身的历史定位和价值特性，致使其在“中国历史文化街区名单”中一度榜上无名，实为遗憾。

图 6-3　京杭运河积水潭港碑记

［二十五］

恭王府——全国最大的王府豪宅

在什刹海西的柳荫街东侧，有一座名震全国的王府——恭王府。它是全世界最大的王府，号称“第二故宫”，素有“一座恭王府，半部清代史”之说。它在中国十大王府排行榜中排名第一，足见其显赫程度。

恭王府始建于清乾隆四十二年（1777 年），早先为和珅的私宅；嘉庆四年（1799 年）和珅因罪被赐死，一度改为庆王府；咸丰元年（1851 年）改赐给道光皇帝第六子恭亲王奕䜣，恭王府的名称也因此而来。恭王府名为“王府”，却有诸多非凡之处，大致可归为以下 4 点。

1. 最大的王府豪宅

故宫作为中国明清两代皇帝工作居住的地方，在建筑文化史上占有极为重要的地位，故宫中的藏品奢华而精美。在故宫之外，北京这座被称为“第一豪宅”的恭王府，门前蹲着一对石狮，显得格外气派。

恭王府规模宏大，总占地面积为 61 120 平方米，南北长约 330 米，东西宽约 180 米，分为府邸和花园两部分。其中府邸占地面积为 32 260 平方米，花园占地面积为 28 860 平方米，几乎是恭王府总用地面积的一半，拥有各式建筑群落 30 多处，花园面积差不多是故宫御花园面积的 3 倍。恭亲王奕䜣曾调集了百名能工巧匠将江南园林与北方建筑格局融为一园，将中国古典园林建筑及西洋建筑汇为一体。

2. 建筑群宏伟

清代王府建筑有极其严格的规制。按规制，亲王府正门面阔 5 间，正殿面阔 7 间，后殿面阔 5 间，后寝面阔 5 间，左右有配殿，形成多进四合院，不少府宅之后设有花园。但许多王府历经沧桑，早已面目全非，恭王府则是北京现存清代王府中建筑及园林保存最完整、布置最精美的（图 6-4、图 6-5）。

恭王府的院内结构分为中、东、西 3 路，分别由多座四合院组成，中路的 3 座建筑是府邸的主体，一是大殿，二是后殿，三是延楼。延楼东西长 160 米，有 40

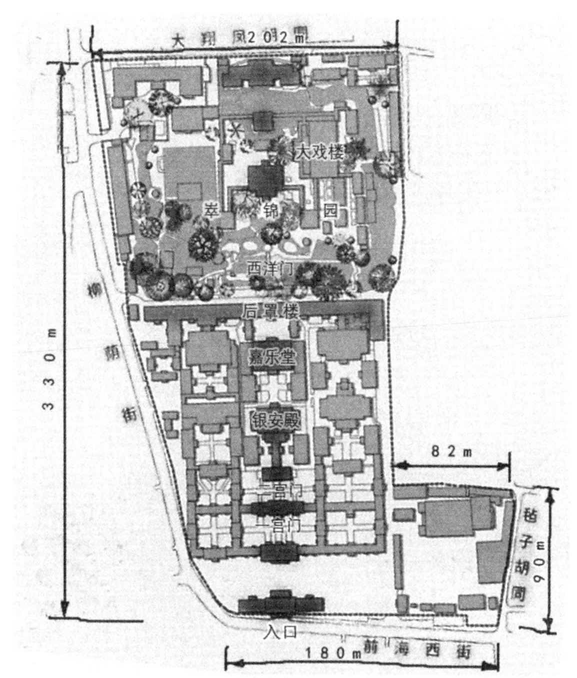

图 6-4　恭王府全图（南半部为府邸，北半部为萃锦园，即恭王府花园）

图 6-5　恭王府标志性建筑物（组图）

余间房屋。东路和西路各有 3 个院落，和中路遥相呼应。王府的最后是花园，20 多处景观各不相同。

由中路正门进入后是一块高 5 米的名为“独乐峰”的太湖石，后面的大厅是恭亲王招待客人的地方。恭王府中路有两栋最主要的建筑，一是银安殿，一是嘉乐堂。银安殿俗称“银銮殿”，作为王府的正殿，只有逢重大事件、重要节日时方启用，服务于礼仪活动。民国初年，由于不慎失火，大殿连同东西配殿一并被焚毁。嘉乐堂是和坤居住时期的建筑，目前仍悬挂一方“嘉乐堂”匾额。相传该匾是乾隆帝赐给和坤的，但是匾额无署款，无钤记，故无法考证来历。在恭亲王居住时期，嘉乐堂主要为王府的祭祀场所，内供奉祖先、诸神等。最后的建筑是倚松屏和蝠厅，它们是消暑纳凉的好地方。

东路的主要建筑是大戏楼，其建筑面积为 685 平方米，为三券勾连搭全封闭式结构。厅内南边是高约 1 米的戏台，厅顶高挂宫灯，地面以方砖铺就。当时除了演戏外，这里还是举办红白事的地方。

西路以水面为主，湖心亭是主要景观，中间有敞轩 3 间，是观赏、垂钓的好地方。水塘西岸有“凌倒影”，南岸有“浣云居”，园中有叠石假山、曲廊亭榭、池塘花木，轩院曲回，风景幽雅。20 余处景观掩映在奇花异树、怪石修竹之间，极工尽巧，精美入画。榆关既有城门，又有雉堞。相传它的主人站在城墙上，似可遥望东北的故乡，以排解思乡之情。

恭王府的花园还有一些值得述评之处。花园与王府建筑之间由一座具有西洋风格的汉白玉石拱门相隔。恭亲王为这个别致典雅的园林题名为“萃锦园”，全园有古建筑 31 处，建筑面积达 4 800 平方米。园中景物设置别致精巧。此园曾为京师众多王府之冠，被称为“人间神仙府，什刹海的明珠”。花园坐北朝南，环山衔水，正处在“蟠龙水”的环抱之中，实属宝地。园内花草铺地，树木成荫，明廊通道，鸟鸣蝉唱，一派静谧美景。

由于恭王府有某些似《红楼梦》中所描绘的景物，因此有些红学家认为恭王府花园是大观园的原型蓝本。

3. 价值连城

早在 1962 年，经专家评估，这处豪宅的价值就已经高达 3 000 万左右了。按现在的市场价来估量，仅恭王府里的 68 根金丝楠木柱子的价值就高达 1 904 亿元。

4. 拥有“天下第一福”

恭王府的“福”字碑也有值得细品的故事。这里的“福”字为康熙皇帝为其祖母孝庄皇太后祝寿时亲笔所书的。

该“福”字刚劲有力，气势非凡，左偏旁极似“子”和“才”字，右偏旁则像“寿”字，右上角的部分像“多”字，下边似为“田”字，可以读出“多子、多才、多寿、多田”之意，十分巧妙地构成了福字的深层含义，极富艺术性且寓意深长。更为珍贵的是，在福字中央刻着“康熙御笔之宝”的大印，它已成为当今世上所留的唯一一个完整的康熙大印印章，这幅“福”字则被誉为“天下第一福”（图 6–6）。碑高 1 米左右，宽 0.8 米左右。这个“福”字碑原是紫禁城的镇城之宝，但后被偷出来，藏于恭王

图 6-6　秘藏于恭王府中的康熙御笔“福”字

府花园假山之下的秘云洞中。今天，凡到此游览的游客，大多会进入石洞观看此“福”字碑，期望能沾点福气。

园中的木结构建筑、康熙御笔“福”字碑及山石叠砌的技法都反映出清代的工艺特色。甚至，故宫御花园与恭王府花园相比还稍逊一筹。

恭王府历经了清王朝由鼎盛至衰亡的过程，承载了极丰富的历史文化信息。20 世纪初，末代皇族溥伟及溥儒先后将府邸及花园出让给辅仁大学作为校舍及宿舍。新中国成立后这里曾作为北京艺术师范学院的校舍及中国艺术研究院的办公和教学地点。

1982 年恭王府被列为全国重点文物保护单位，1988 年花园部分对外开放，是国家对外开放的王府型旅游景点。

恭王府现在是国家一级博物馆、国家 AAAAA 级旅游景区。2008 年恭王府完成府邸修缮工程后，全面对外开放。

[二十六]

砖塔胡同——京城最古老的胡同

“胡同”之称始于元大都，当时大都曾有 29 条胡同，坊巷结构直接为以后明清北京城的规划建设奠定了基础。砖塔胡同是唯一由元代流传至今的胡同名称，从元、明、清、民国到今天，该胡同都有历史文献可考。

砖塔胡同是因胡同东口的砖塔而得名的，胡同全长 470 米，宽 6 ～ 10 米。700 多年的悠久历史使得砖塔胡同当之无愧地被称为“北京胡同之根”。砖塔胡同是北京胡同风貌保持得最完好的胡同之一，在全国乃至世界上都是独一无二的（图 6–7、图 6–8）。

砖塔胡同位于西四牌楼西边，整体风貌保存得较好，具有北京胡同的固有风韵，这也是北京市至今唯一有确证的元大都地名。元杂剧《张生煮海》中就有如下对白：

张羽问梅香：“你家住哪里？”

梅香说：“我家住砖塔儿胡同”。

其中提到的“砖塔儿胡同”就是今天的砖塔胡同。该剧的第一场张生与龙女定情后，家童凑趣。

家童云：“梅香姐，你与我些儿什么信物！”

侍女云：“我与你把破蒲扇，拿去家里扇煤火去！”

家童云：“我到哪里寻你？”

侍女云：“你去那羊市角头砖塔胡同总铺门前来寻我。”

这足以证明早在元大都城里已有砖塔胡同。至于“羊市”则应指砖塔胡同旁边的羊肉胡同，其历史同样十分悠久。

说到砖塔胡同，就不能不提砖塔，即万松老人塔。该塔建造得极为独特、精巧，堪称宋元砖塔的精品（图 6–9）。

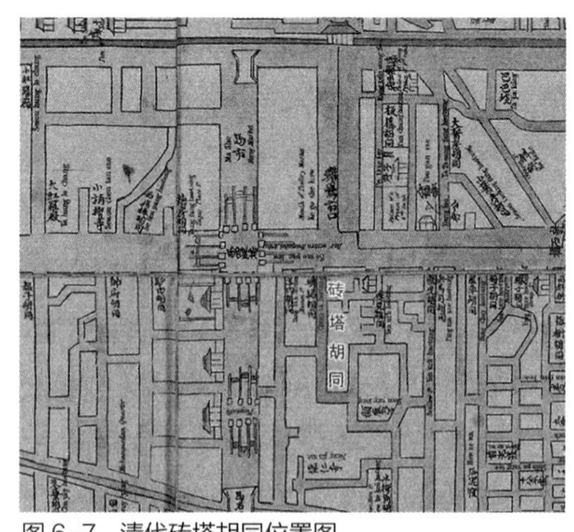

图 6–7　清代砖塔胡同位置图

图 6-8　砖塔胡同东段质朴的胡同景观

图 6-9　元代万松老人塔

这座砖塔是一座原七级后加高到九级的密檐塔，塔高 15.9 米，是京城内仅存的一座砖塔。早在元代《析津志》就有文字记载称它为“羊市塔”，注明材料用“砖”，估计在元代早期此塔还在羊市内，旁边很可能尚未形成胡同。塔的各层均设叠层式出檐，挑出一平台，底层则履以瓦脊。各层檐角皆有挑檐木，外端设有铁环，原来还有风铎（大铃）。塔身分为两层，外层涂白色，东、南、西、北 4 面设置券门，开辟棂窗（假窗），棂窗由大号方砖雕刻而成。最上两层的 8 个面均辟券门，门为拱券式，券外饰以彩绘图案，并设有砖雕门额、门簪。万松老人塔塔心和外层之间形成八角形环廊，犹如大塔中包着一座小塔。塔内的回廊内侧设有 25 个壁龛，龛内有壁画或泥塑像，回廊顶端有雕花砖天花板，并加彩绘，精美细腻。塔座基主壁龛内以及各层回廊的砖壁上都镶嵌着许多名人题咏和碑刻，这些对研究元宋历史及古代建筑有极重要的价值。沿各层砖质阶梯而上，还可登达塔顶。从塔顶远眺，可看到太行峰峦蜿蜒起伏，河流道路、都城街巷纵横交错。

这座砖塔是为一位法名为“行秀”的老僧人建造的。行秀高僧自称万松野老，饱读诗书，博学多才。蒙古破金，尚未建立元朝时，高僧居住在原金中都燕京城内的从容庵，收了中书令耶律楚材为徒，3 年中教诲其徒 “以儒治国，以佛治心”。耶律楚材是燕京人，在辅佐元帝时，秉承“以儒治国”的方略，避免了暴政误国的局面。万松老人逝世后，被葬于金中都燕京城的东北郊，弟子们为其建塔并命名“万松老人塔”，就是后来位于羊市的这座砖塔。元大都建成后，砖塔被圈进新城，成为城中之塔。到了清代，万松老人塔又被人圈进住宅中，直到清乾隆十八年（1753 年），才被收归国有，成了皇室家产。

明人张爵所著《京师五城坊巷胡同集》、清人吴长元所著《宸垣识略》均把砖塔胡同作为京城古迹录入书中。在明刘侗、于奕正所著的《帝京景物略》卷之四《西城内·万松老人塔》中对此砖塔也有详尽记载。由此可以推断，砖塔及砖塔胡同历史久远。

在元、明、清 3 代，砖塔胡同作为戏曲活动的中心，是北京城最热闹的文化聚集地之一。元代杂剧在京城非常流行，这条胡同是当时杂剧活动的中心地区。当时演杂剧的戏院叫作“勾阑”，勾阑内有戏台、戏房、神楼和腰棚，大的勾阑可容纳数千人观戏。这时的砖塔胡同及附近的口袋胡同、钱串胡同、玉带胡同等共有戏班、乐户和勾阑二三十家。到了明代，东城的本司胡同和演乐胡同等处设立了教坊司，其专门管理音乐、戏曲等事务。砖塔胡同一带便失去了往日的喧嚣热闹。清朝时，砖塔胡同作为神机营所辖右翼汉军排枪队的营地。

1900 年义和团运动爆发，砖塔胡同成为进攻西什库教堂的义和团组织的总部。八国联军攻陷北京之后，砖塔胡同遭到了很大破坏，各大戏班纷纷撤离，自此作为京城娱乐中心的砖塔胡同开始走向衰落，逐渐为民居之用。

在砖塔坐落的砖塔胡同 43 号小院内，有一个“正阳书局”，其是经营老北京相关文献书籍的书店，极具京味。在近代史上，有若干名人曾在砖塔胡同居住过，这也给砖塔胡同平添了一笔笔文化色彩。

1923 年鲁迅在砖塔胡同 61 号（现 84 号）写出了《祝福》《在酒楼上》《幸福的家庭》《肥皂》《中国小说史略》等传世作品。

张恨水（鸳鸯蝴蝶派作家）曾居住在砖塔胡同 43 号（今 95 号），并在这里走完了他的人生旅程。他一生共发表了三千余万字的文学作品，甚至在 1928 年同时发表了《金粉世家》《春明外史》《春明新史》《青春之花》《天上人间》《剑胆琴心》6 部长篇小说，在不同的报刊上连载，是名副其实的高产大文豪。

虽然砖塔胡同得名于砖塔，但现存之砖塔却早已非元代原物。据史料记载，明嘉靖年间、清乾隆年间和民国期间万松老人塔都经大规模整修。现塔为民国十六年（1927 年）重修的，塔的门檐上书“元万松老人塔”。

万松老人塔的特点很多，主要有四。

1)历史悠久。此塔有700多年的悠久历史,国内罕见。这座砖制小塔不足16米高，是北京最矮的塔，却是北京城区现存唯一的一座密檐式砖塔，是金末元初著名高僧万松行秀的灵骨塔。

2)塔形壮丽。万松老人塔是北京风景名胜区的主要景点之一。白云塔影，使游人赞叹不已。在四季阳光的映照下，塔影变幻，这里成为北京城内一处吸引游人参观的好景色。

3)文化悠远。塔院内珍藏着许多珍贵文物。砖塔胡同虽是北京历史最悠久的胡同，但历史的更迭、朝代的变幻、流动的名仕和居民，使得留存下来的大量文化及历史遗珍如大浪淘沙始见金一般难得。据《帝京景物略》记载：“万历三十四年，僧乐庵讶塔处店中，入而周视，有石额五字焉，曰‘万松老人塔’。僧礼拜号恸，募赀赎而居守之。虽塔穿屋如故，然毹肩、酒瓮、刀砧远矣。”有位河南罗山人士刘梦谦曾作了一首咏砖塔的诗流传至今：

居然遗塔在，扰攘阅朝昏。

草蔓萦萦合，松声谡谡存。

传灯过佛祖，留字到儿孙。

不读从容录，安知老宿尊。

近年在砖塔胡同中数百块带有“北京窑”字迹的青砖被意外发现，其具体是何年何月何地所产还是个谜，是否与砖塔胡同有直接关系，也尚待考证。

4)坚不可摧。万松老人塔从始建至今，在长达700余年的风雨侵蚀中，经历了大小十多次地震，依然耸立。

1974年至1981年，国家拨专款对该塔进行全面抢修，使这座保存完整、结构奇巧，外形壮观的古代高层砖塔建筑焕然一新。万松老人塔以其悠久的历史、独特的艺术风格和高超的建筑技术，吸引着国内外游客。从某种程度上讲，它已经成为北京的标志性建筑之一，体现古代与现代建筑艺术的融合。

1995年，万松老人塔被确定为北京市第五批文物保护单位；2013年，万松老人塔被列为全国重点文物保护单位。2014年，万松老人塔作为国内首家非营利性公共阅读空间暨“北京砖读空间”正式对外开放，成为全国首例民办官助的文保项目。

[二十七]

历代帝王庙——象征“九五之尊”的帝王礼制巨庙

历代帝王庙坐落于阜成门内大街路北，是我国现存的唯一的祭祀中华三皇五帝、历朝历代帝王和部分文臣武将的明清皇家庙宇。中华民族自古以来就有祭祀祖先的传统，“三皇”一直被视为中国人的祖先，被历代帝王所景仰崇拜；而先代的帝王则是后代效法的榜样，也需要被高规格地祭祀。历代帝王庙是明清两代皇帝祭祀先祖的地方，其地位与太庙和孔庙相齐，被称为“明清北京三大皇家庙宇”。此庙是我国统一多民族国家发展一脉相承、连绵不断的历史见证，更是颂扬先贤、吸引海内外华人祭祖、增强民族自豪感和凝聚力的重要文化场所。同时，它也是中国古建筑宝库中的精品。

历代帝王庙占地 21 500 平方米，庙门庄严气派，门前有两座下马碑和一面巨大的红影壁。下马碑上有用汉、蒙、满文字刻的“官员人等在此下马”字样，显示出历代帝王庙的威严和尊贵。

1. 历史回顾

先秦时期的《礼记·祭法》就记载了凡“法施于民”“以死勤事”“以劳定国”“能御大灾”“能捍大患”者，都应祭祀，提出伏羲、炎帝、黄帝、蚩尤、尧、舜、禹、汤、周文王、周武王等历史名人都应被祭祀。秦汉以后，人们对三皇五帝和历代帝王的祭祀方式不断发展变化，经历了从陵墓祭祀到立庙祭祀、从个体人物祭祀到系列人物祭祀、从分散单独祭祀到集中群体祭祀、从祭祀开国帝王到祭祀守业帝王、从祭祀汉民族华夏帝王到祭祀多民族帝王、从主祀帝王本人到贤臣陪祀等一系列的发展过程。

明朝迁都北京后，对历代帝王的祭祀或在南京进行，或在北京郊区和故宫文华殿进行，明嘉靖十年（1531 年），朝廷在保安寺旧址上开始改建历代帝王庙，祭祀人物沿袭南京旧制，但只设牌位不塑像。明嘉靖二十四年（1545 年），元世祖忽必烈和穆呼哩等 5 位元代君臣牌位被撤去。之后，南京旧庙废弃，北京历代帝王庙遂成为全国唯一的历代帝王祭祀场所。清雍正七年（1729 年），历代帝王庙重修，乾隆二十九年（1764年）又大修。

最初，明朝开国皇帝朱元璋确定需要祭祀的帝王共16位，清顺治帝将需要祭祀的帝王扩充为25位。康熙、雍正、乾隆3代皇帝对历代帝王更加崇敬，康熙曾下谕旨，除了因无道被杀和亡国之君外，所有曾经在位的历代皇帝，庙中均应为其立牌位。乾隆皇帝更是提出了“中华统绪，绝不断线”的论点，即使庙中没有涉及的朝代，也要选出皇帝入祀。在几次调整之后，历朝、历代需祭祀的帝王被确定为188位。目前大殿内部按照乾隆时期的原状复原，共分七龛供奉中国历代帝王的牌位，位居正中一龛的是伏羲、黄帝、炎帝的牌位，左右分列的六龛中，供奉了五帝和夏商两周、汉唐、五代十国、金宋元明等历朝历代的185位帝王牌位（图6–10）。在景德崇圣殿东西两侧的配殿中，还祭祀着伯夷、姜尚、萧何、诸葛亮、房玄龄、范仲淹、岳飞、文天祥等79位历代贤相名将的牌位，牌位均用赤底金书。其中，关羽之牌位单独置于一庙中，成为奇特的“庙中庙”。

1911年“辛亥革命”爆发，维系了2 000多年的封建帝制被推翻，中华民国成立，历代帝王祭祀大典随之停止，历代帝王庙的殿宇改由民国政府教育部门办公使用。1949年中华人民共和国成立后，其改由北京市第三女子中学（简称女三中）使用，后女三中更名为北京市第一五九中学。

2000年，学校迁出，北京市政府投入巨资，对历代帝王庙进行了保护性全面修缮，2004年竣工并正式对外开放。在北京市旅游局的支持下，历代帝王庙举办了首届华人祭祖活动。之后，每年的清明节期间其都会举行一次仿《明会典》的祭祀仪式，并结合瞻国史、看国戏、品国宴等活动，成为北京的品牌旅游产品，历代帝王庙亦成为海内外华人寻根问祖的精神家园。

2. 建筑特性

历代帝王庙布局严谨，气势恢宏。因为它大多保留明代创建时的原结构，所以建筑价值和文物价值极高。历代帝王庙的建筑群及牌楼堪称中国古建筑宝库中的精品。

历代帝王庙坐北朝南，前临阜成门内大街。正门右侧铁护栏内的石碑为“官员人等至此下马”碑。旁边是“全国重点文物保护单位——历代帝王庙”碑（图6–11）。

在历史上，历代帝王庙是皇家建筑，这一建筑群在布局设计上有严格的中轴线，在中轴线上的都是高等级的建筑，体现皇权的威严。从南往北，依次是巨大的影壁，然后是庙门，再往里是景德门，然后是主体建筑景德崇圣殿，殿后是祭器库，正殿两侧对称地建有 4 座御碑亭和东西配殿。

历代帝王庙的主体建筑景德崇圣殿的规制及等级与故宫的太和殿是一个级别的。景德崇圣殿之名寓意为“景仰德政，崇尚圣贤”。它的建筑无论在形制上，还是在柱、梁、瓦、彩画等各方面，都充分显示出皇家建筑的尊贵与气派（图 6–12）。在设计上，其完全遵循了《易经》提出的“圣人南面而听天下，向明而治”。首先，在建筑的总体布局中，景德崇圣殿处在中心位置。大殿面阔 9 间，进深 5 间，显示出“九五之尊”的帝王礼制。它的屋顶是最高级别的重檐庑殿顶，使用皇家独享的黄琉璃瓦。殿通宽达 51 米，进深 27.2 米，建筑面积 1 390 平方米，殿高 21 米，立

图 6–10　历代帝王牌位（局部）

图 6–11　历代帝王庙正门

图 6–12　历代帝王庙主殿景德崇圣殿

有 60 根楠木柱子。高大的柱子和巨大的梁架共同支撑着巍峨的殿顶。大殿内的天花是旋子彩画，外檐用金龙和玺彩画，建筑显得格外威耸与富丽堂皇。大殿坐落在高大的台基上，殿前有宽敞的月台、石栏板，中间有雕刻云山纹的御路。东西配殿面阔 7 间，有黑琉璃瓦绿剪边、重檐歇山顶调大脊、井口天花和旋子彩画。大殿两侧的 4 座御碑亭都是黄琉璃瓦重檐歇山顶建筑，碑亭内刻有海水江崖图案。雍正和乾隆帝的御碑高大雄伟，为全国同类御碑中的极品。御碑的雕刻极为精湛，碑首硕大的龙头居高临下，异常威严，碑下的龟趺也异常巨大，古朴雄浑。殿前有汉白玉石月台，东、西、南 3 面均有石护栏。除中路外，帝王庙尚有东西跨院，内有宰牲亭、神库、神厨等一系列配套建筑。景德崇圣殿与御碑亭覆瓦原为绿琉璃，乾隆二十九年（1764 年）改为黄琉璃。景德崇圣殿建筑整体显得凝重肃穆，具有高度的审美价值。

影壁在庙门前的最南侧，与山门隔街相望，有绿琉璃筒瓦硬山调大脊，东西长 32.4 米，宽 1.35 米，高约 5.6 米，照壁面积约 182 平方米，为京城内现存的大影壁之一。庙门均为黑琉璃筒瓦绿剪边歇山顶调大脊，大门面阔 3 间，宽 15.6 米，进深 9.5 米，平身科为单昂三踩斗拱，两边有八字墙，下有汉白玉石阶，中有御路雕云山纹。钟楼在东侧旁门之北，有黑琉璃筒瓦绿剪边歇山顶、重楼重檐调大脊，平面为方形，面阔 3 间，上檐下平身科为单昂三踩斗拱，下檐平身科为一斗二升交麻叶头斗拱，有旋子彩画。大门正北为景德门，有黑琉璃筒瓦绿剪边歇山顶调大脊，面阔 5 间，四周绕以汉白玉石护栏，前后三出丹陛，中为御路。门左右各有侧门一座，有黑琉璃筒瓦绿剪边歇山顶调大脊。

几千年来，坐北朝南一贯被认为是最理想的朝向。因为古代天文学把星象分为青龙、白虎、朱雀、玄武，分别代表东、西、南、北，古人由此习惯于面南而察，历代统治者更讲究必须面南以治天下，因此，庙院里中轴线上的庙门、景德门、景德崇圣殿、祭器库都是坐北朝南的。

还要说明的是，殿内铺地用的金砖是专门为皇家烧制的一种地砖。金砖在铺设前必须经过桐油浸泡、粉砂打磨等特殊处理工艺，其质地密实，看上去光润如玉，踩上去不滑不涩。

在北京流行着一则顺口溜“有桥没有水，有碑没有驮，有钟没有鼓，有庙没有佛”，这概括了历代帝王庙的布局特性（图 6−13、图 6−14）。

2019 年 1 月，历代帝王庙进行大规模修缮，修缮完成后重新开放。

图 6-13　历代帝王庙院内景

图 6-14　1900 年历代帝王庙前“景德街”西牌楼（额面题字用满汉双文）

3. 彩画艺术

历代帝王庙的彩画在京城古建筑中堪称一绝，经专家考证，其由 3 部分组成：1530 年明嘉靖始建时期的彩画；1729 年清雍正大修时期的彩画；1764 年清乾隆修缮时期的彩画。

历代帝王庙最有价值的彩画是始建时期的彩画：在景德崇圣殿的天花板上的彩画从纹饰到工艺都体现出明代彩画的特征；景德门的天花板上留存有明嘉靖初期的彩画，只是其纹饰做工不及大殿的精细。此外，东跨院的神库、神厨也留有始建时期的彩画痕迹。

明清两代在历代帝王庙中大规模绘制彩画，这或许是出于宣扬社会繁荣、粉饰天下太平的动机。明始建时期的彩画被绘制于天花板藻井上，因人们不常抬头仰视，而未被破坏，幸运地保留下来。

历代帝王庙中的景德崇圣殿、景德门、东西配殿的主要构件和饰品彩画等大多是明代遗留下来的，而壁画、琉璃瓦等多是清代乾隆时期遗留下来的。故宫、颐和园、天坛、孔庙等建筑虽然都始建于明代，但像历代帝王庙这样保留了大量明代原构件和装饰的建筑极为少见。

[二十八]
妙应寺白塔——北京都城历史的“见证者”

妙应寺白塔（图 6–15）位于阜成门内大街路北，始建于元至元八年（1271 年），至今已有 750 余年的历史，是中国现存年代最早、规模最大、保存最完好的藏传佛教覆钵式佛塔，也是北京最古老的标志性建筑之一。

妙应寺以前的规模空前，曾达16万平方米。它因白塔而闻名遐迩，俗称“白塔寺”。白塔净高 50.9 米，加上塔基总高度则达 59.9 米，意为“九五之尊”。它也是国内最高的白塔（北海白塔净高仅为 35.9 米）。

白塔与妙应寺的历史悠久，特征显著。

1. 多变的沧桑

元至元八年（1271 年），元世祖崇信佛法，为迎释迦佛舍利，也为了巩固与西藏僧俗势力的关系，开始大兴土木，在“王者之都”北京建设“大圣寿万安寺”，将其设于平则门（即今阜成门）内，一直未曾改变。随着北京城的演变，白塔寺地区的相对区位也发生着变化。元代白塔寺位于城市中轴线的西部，临近皇城；明代皇城南移，白塔寺地区的相对区位也随之改变为城西偏北；清朝北京城的规模与布局基本沿袭明代，白塔寺的相对区位便也无太大改变了（图 6–16）。

根据记载，早在辽代寿昌二年（1096 年），此处曾建造过一座佛塔供奉佛舍利，

图 6–15　妙应寺白塔（尼泊尔建筑师阿尼哥）

图 6–16　清乾隆京城全图（局部）上的妙应寺白塔位置示意

也曾设立香塔佛经等佛教圣寺。元至元八年（1271 年），忽必烈敕令在此基础上重新建造一座白塔，白塔于 1279 年竣工。因此，现今的白塔是在辽代的遗址上兴建起的元代的白塔，于明代形成最终的格局。

（1）辽金时代

辽道宗寿昌二年（1096 年），此地为永安寺，寺内建有供奉佛舍利的幢形佛塔。金末元初，永安寺毁于战火。

（2）元代

元世祖忽必烈入京后的开国工程即是建妙应寺白塔。白塔是在原先辽代塔的旧基上建的，历经 8 年竣工，寺名为“大圣寿万安寺”，既为供奉释迦舍利，又作为政权与神权的象征而“坐镇都邑”。

大圣寿万安寺是中尼文化交流的辉煌结晶。元世祖为了修建白塔，特地从尼泊尔请来了一位贵族出身的建筑工艺专家阿尼哥，他带来了 80 名尼泊尔工匠。宝塔由阿尼哥精心设计，是中国首次引入的尼泊尔覆钵式塔。此塔式起源于古印度的窣堵波（梵文 stupa），它采用了尼泊尔塔的形制，并融合了本土民族特点的装饰，具有十分重要的历史文化价值。其规制之巧、建筑技术之奇，世所罕见。《长安客话》对该塔如此描述：“角垂玉杆，阶布石栏。檐挂华篁，身络珠网。珍铎迎风而韵响，金盘向日而光辉。亭亭岌岌，遥映紫宫。”白塔的造型与环境互相映衬。

白塔修建完成后，朝廷又迎请释迦佛舍利藏于塔中。阿尼哥在中国一共修建了3座塔，一座在西藏，一座在五台山，一座在北京。北京的这座白塔是3座塔中最宏伟、最高大的，也是仅存的一座。白塔竣工后，元世祖忽必烈又命阿尼哥以塔为中心修建皇家寺院，命人以塔为中心向东西南北四方各射一箭，以箭所达到的范围划界为寺址，最终形成的寺院规模极为宏大，占地 16 万平方米，能容纳僧人达 7 万之众。在寺院落成之后，为祝祷皇帝生辰，该寺被命名为“大圣寿万安寺”，白塔被命名为“释迦舍利灵通万寿宝塔”，这里成为元代皇家在大都城内所建的最重要的寺庙。寺的规模巨大，有天王殿、五部陀罗尼殿、五方佛殿、九曜殿、朵楼、角楼等，后佛殿的东西又建影堂，忽必烈、铁穆耳的画像被安置在这里。此寺佛殿近似于宫殿，殿前的台阶仿元代宫中的形制而建，因此佛殿常用作百官演习朝仪的地方，元朝各代皇帝也多次来寺中做佛事。元至正二十八年（1368 年），寺内主要殿宇被雷火焚毁，唯有白塔幸免于难。

该寺院地处元大都城内的“福田坊”。值得一提的是，这是在大都城内 50 个坊之中唯一的一个以佛教含义命名的坊。

（3）明代

明朝统治者以消除前朝的“王气”为由，把元代大都城的宫殿和寺庙全部拆除，其中也包括建在白塔寺内的社稷坛。明宣德八年（1433 年），明宣宗下令重新修葺白塔。明天顺元年（1457 年），寺院重建，并改名为“妙应寺”，但面积不到元代盛时的八分之一。明成化元年（1465 年），108 座铁灯龛在白塔塔座周围加修。明万历二十年（1592 年），白塔宝盖重修，覆钵上安置小铜碑一座，上书“重修灵通万寿宝塔天盘寿带”和“大明万历岁次壬辰季春”字样。

明宣德七年（1432 年），在原万安寺西部与北部寺庙旧址上，一座道教宫观——朝天宫建起。但在明天启六年（1626 年），其也毁于大火。此地块的建置分属河漕西坊和朝天宫西坊。

明代朝天宫的建设对地块的街巷肌理产生了很大影响。现在胡同名称——宫门口一至五条，宫门口东、西岔，东廊下、西廊下、中廊下，大玉、小玉胡同，狮子胡同等地名都与朝天宫有关。

（4）清代

清代白塔寺的地位有所提升，白塔寺又成了藏传佛教传播的重要庙宇。朝天宫逐渐没落，原庙址上有王府或学校兴建，并有部分王公贵族在此置园林创业。另外，阜成门地区为满族正红旗驻军所在地，那里是部分军队首领的居址和部分军需物资制造之处。因此，清代白塔寺地区还具有军事功能。

清代亦对白塔进行了多次修葺，如康熙二十七年（1688 年）、乾隆十八年（1753 年）、乾隆五十年（1785 年）、嘉庆二十一年（1816 年）朝廷都对寺、塔进行了修缮。白塔寺之所以受到统治者的重视，投入巨资不断修复，其目的就是团结蒙藏首领，在宗教文化上亲近融合，最终巩固其统治，这也是元代后白塔寺能够再度进入辉煌的原因。

虽经数次修缮，寺院依然未能达到元朝鼎盛时期的规模。朝天宫又被毁后，民宅和市场在寺庙旧址和朝天宫旧址无规划地建起，无序的街道小巷也逐渐形成。明代时这样的街巷系统依然保持，只是有些地名有所变更。1900 年，八国联军侵华期间，寺、塔遭受了巨大损毁。

（5）民国时期

1925 年和 1937 年，国民政府对寺院进行了较大范围的修缮。白塔寺也逐渐发展为市民社会生活的活动聚集场所，白塔寺庙会成为民国时期北京著名的庙会之一。周边未经统一规划而自发形成的生活商业街区凸显了市井氛围。

2. 白塔的形制结构

白塔从下至顶由台基、塔身、相轮、华盖和塔刹 5 部分组成（图 6–17）。

1）塔座台基。台基面积为 810 平方米，高 9 米，分 3 层，下层为护墙，平面呈方形；中层和上层均为折角须弥座，平面呈“亚”字形，四角均向内递收二折，在转角处有角柱，轮廓分明，上层须弥座设有铁灯龛。在须弥座式基座上有用砖砌筑成的巨大的莲瓣，外涂白灰，饰成形体雄浑的巨型覆莲座，莲座上有五道环带金刚圈以承托塔身。

2）塔身。塔身俗称“宝瓶”，为一直径 18.4 米的巨型覆钵，平面为圆形，上肩略宽，与清式塔身高瘦的喇嘛塔相比，造型显得丰满雄浑。塔身外环绕 7 道铁箍，使塔身成为一个坚固的整体。塔身之上有平面“亚”字形的小须弥座式刹座，俗称“塔脖子”。

3）相轮。相轮层层向上收刹的“十三天”外形呈圆锥形，状极峻峭。相轮与塔身合计高 39.1 米。

4）华盖。华盖又名“天盘”，在十三天的顶端承托，为直径 9.7 米的圆形柱体，厚木底，上覆 40 块放射形铜板瓦，华盖周围悬挂有 36 片高 1.8 米的具有透雕佛和梵文字样的铜片和 36 个风铎。

5）塔刹。在华盖之上，为一座高 5 米的鎏金铜质覆钵式小塔造型，重达 4 吨，在高大洁白的塔顶上金光闪烁，华丽醒目。

3. 白塔的空间秩序

妙应寺由寺院和塔院两部分组成，在中轴线上由南到北依次排列着山门、天王殿、三世佛殿、七世佛殿、塔院、六神通殿、白塔（图 6–18）。山门面阔 3 间，东西两旁有八字影壁，中间券门上有石刻横匾，上书“敕赐妙应寺禅林”。山门内左右分列阁楼式的钟楼和鼓楼。其后为天王殿，面阔 3 间，内塑四大天王。往北是三世佛殿，面阔 5 间，前有月台，内祀三世佛，顶饰 3 座盘龙藻井，有灰筒瓦庑殿顶、菱花隔扇门窗、大点金旋子彩画。甬路再北为七世佛殿，面阔 5 间，有菱花隔扇门窗，明次间各有盘龙藻井，内祀七尊佛像，两旁为十八罗汉，有灰筒瓦庑殿顶、大点金旋子彩画。在天王殿与七佛殿之间的东西两旁都有配殿廊庑及僧舍。殿后以红墙围成的塔院地基高约 2 米，四隅各建四角攒尖角亭一座，院门在南墙正中，是一座歇山顶小门楼，门额上书“敕建释迦舍利灵通宝塔院”，迎门有殿，名“六神通”，殿内供三世佛，殿后即白塔，白塔位于塔院中央偏北，建在一个高大的石台上。在南侧沿阶梯而上可到塔底。

4. 白塔奇特的内部结构

在白塔的塔肚表层砌体之内，还有砖砌成的塔芯。内塔芯上下设有两道铁箍，外层与内塔经“铁拉扯”拉接成坚固的一体。在外层塔面，自上而下还设有 7 道铁箍。这一做法是为了增强新皮与旧骨之间的拉结力。据说明朝时期北京城发生过强地震，震后白塔曾出现了好几条大裂缝，于是人们增设铁箍进行加固，增强塔的抗震性能。

白塔不仅是中尼文化交融的佛塔建筑艺术的出色结晶，还由于其通体洁白、巨

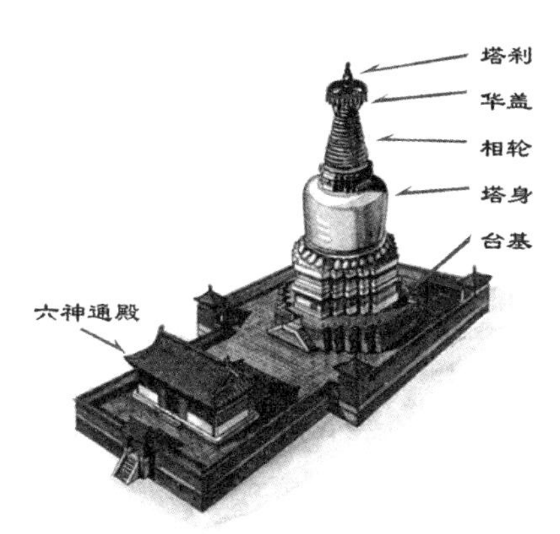

图 6-17　妙应寺白塔形制结构图

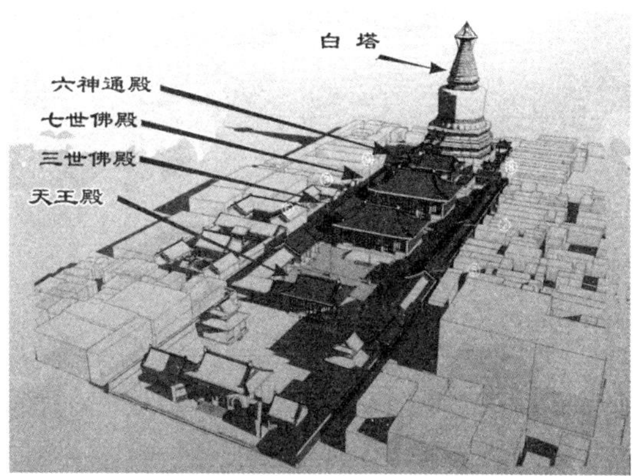

图 6-18　妙应寺现状鸟瞰图

大醒目，在元大都的“西园”凌空而起，使京师市容为之生辉，达到了“壮观王城”的作用。“金城”“玉塔”的盛名轰动一时。元代有碑文写道：“非巨丽无以显尊严，非壮观无以威天下，其建筑之巧，古今罕有！”

近年来，国家对寺庙及白塔的保护和整顿做了大量工作。1961 年妙应寺白塔被公布为全国重点文物保护单位。1964 年，塔上安装避雷针。1965 年，白塔再次被修缮。“文化大革命”期间，寺庙遭到破坏，原址上建副食商店。1976 年唐山大地震时，塔天盘下的十三天顶部被震坏。1978 年，塔及 4 座殿堂被全面整修，清乾隆十八年（1753 年）修缮时存留的珍贵佛教文物在铜塔顶被发现。1980 年，保护机构成立，妙应寺白塔正式对外开放。1996 年，国家拨款对白塔进行修缮。1997 年，“打开山门，亮出白塔”工程启动；复建山门工程正式开始，白塔寺前的食品商场被拆除，白塔寺山门及钟鼓楼得以恢复。1999 年 7 月，妙应寺重新开放。2013 年 6 月至 2015 年 11 月，有关部门对白塔进行了历时 2 年多的大规模修缮。这期间文物研究部门在对山门、钟鼓楼进行考古发掘时，意外地发现了保存在地下的原山门、钟鼓楼及台阶、石刻等遗迹。

白塔寺建设控制区的保护与整治工作除贯彻“改善、修缮、疏散”的六字方针外，也坚持突出了白塔形象、控制周边建筑高度和提升风貌质量，并注意妥善解决民生问题，开创出了一条新思路，并编制了相应的方案。

[二十九]

雍和宫——规格最高的清代佛教寺院

1. 历史沿革

雍和宫是清代中后期规格最高的佛教寺院，其历史却是中轴线古建筑群中最短的。雍和宫位于京城东北角，原址为明朝太监官房，清康熙三十三年（1694 年），一座亲王府邸在此开始建造，并被赐予皇帝四子雍亲王。雍正时期，王府的一半被改为黄教上院，另一半作为行宫，后行宫被火所焚。清雍正三年（1725 年），雍王府被改为行宫——雍和宫。雍正十三年（1735 年），皇帝驾崩，其灵柩曾停放于此，之后，雍和宫的主要殿堂的绿色琉璃瓦改为黄色琉璃瓦。又因乾隆皇帝诞生于此，雍和宫成了一处“龙潜福地”，其规格遂与紫禁城皇宫一样高，殿宇改为黄瓦红墙。清乾隆九年（1744 年），雍和宫正式改为藏传佛教寺庙，并成为清政府掌管全国藏传佛教事务的中心。1983 年，雍和宫被国务院确定为汉族地区佛教全国重点寺院。

雍和宫曾于 1950 年、1952 年、1979 年进行了全面修整。1957 年，北京市人民委员会公布了包括雍和宫在内的北京市第一批 39 个文物保护单位。1961 年，雍和宫被列为全国重点文物保护单位，1981 年对外开放。

2. 建筑特色

雍和宫坐北朝南，占地面积为 6.64 公顷，主要由 3 座精致的牌坊和 5 进宏伟的大殿组成，共有殿宇千余间，其中佛殿 238 间。

（1）总体布局

雍和宫建筑布局极为完整（图 6-19），它由前后两部分组成：前部为昭泰门、钟楼、鼓楼、雍和门、雍和宫、讲经殿、密宗殿等七座建筑；后部的法轮殿、万福阁则依次逐级升高，以显示出佛陀世界的庄严吉祥。整座寺庙的建筑分东、中、西 3 路，中路为雍和宫的主轴，它由七进院落和五层殿堂组成，左右还有多种配殿和配楼，中路最重要的御制碑文《喇嘛说》，彰显了雍和宫作为京都首位皇家御用寺院及清政府管理藏传佛教事务中心的品位。

戒台楼位于法轮殿西侧，系清乾隆四十五年（1780 年）乾隆帝为迎六世班禅进京为己祝寿、受戒而建。班禅楼位于法轮殿东侧，最初是供奉药师佛的法坛，称药师楼，六世班禅进京时以此处为住所，楼因之得名。

雍和宫大殿北为永佑殿，原为王府正寝殿，后殿因供奉雍正帝影像而改名为“神御殿”。永佑殿北为法轮殿，法轮殿为举行法事的场所，建筑平面呈十字形，面阔7间（图6–19）。

图6–19　雍和宫法轮殿顶视图

（2）殿宇概况

1）银安殿（雍和宫大殿）。银安殿是当初雍亲王接见文武官员的场所，相当于一般寺院的大雄宝殿。殿内正北供3尊高近2米的铜质三世佛像。正殿东北角供铜观世音立像，西北角供铜弥勒立像，两面山墙前的宝座上端坐着十八罗汉，大殿前院中两庑是四学殿。

2）永佑殿。出雍和宫大殿便是永佑殿，该殿曾是雍亲王的书房和寝殿，后成为清朝供先帝的影堂，“永佑”是永远保佑先帝亡灵之意，为藏族传统建筑形式。殿内正中的莲花宝座上是3尊高2.35米的佛像，系檀木雕制，中为无量寿佛（即阿弥陀佛），左为药师佛，右为狮吼佛。

3）法轮殿。法轮殿是汉藏文化交融的结晶。殿内正中巨大的莲花台上端坐一尊高6.1米的铜制佛像，其面带微笑，这是藏传佛教黄教的创始人宗喀巴大师。这尊铜像塑于1924年，耗资20万银元，历时两年才完成。宗喀巴像背后是被誉为雍和宫木雕三绝之一的五百罗汉山，其高近5米，长3.5米，厚30厘米，全部由紫檀木精细雕镂而成。五百罗汉山前有一金丝楠木雕成的木盆，据说乾隆帝出生后3天，曾用此盆洗澡，俗名“洗三盆”。

殿的左右两侧为班禅楼和戒台楼。法轮殿顶上建有5座天窗式的暗楼，并有5座铜质鎏金宝塔，采用“明五暗十”的构造方式，即从外面看是5间房子，实际上则有10间。

4)万福阁。万福阁是雍和宫寺庙建筑群中北端最高的建筑,高25米,有三重飞檐。其两旁是永康阁和延绥阁，两座楼阁有飞廊连接，宛如仙宫楼阙，具有辽金时代的建筑风格。万福阁内巍然矗立一尊迈达拉佛（弥勒佛），高18米，地下埋入8米。佛身宽8米，由整棵名贵的白檀香木雕成。据说乾隆帝为雕刻大佛，用银8万余两，这尊大佛也是雍和宫木雕三绝之一。还有一尊木雕在万佛阁前东配殿照佛楼内，名金丝楠木佛龛，工匠采用透雕手法，雕出99条云龙，条条栩栩如生。万福阁正中匾上书“净域慧因”；下层为单翘单昂斗拱，和玺彩画，前后三出陛，正中悬雕龙华带匾，上以满、汉、蒙、藏4种文字书“万福阁”。万福阁建筑风格独特，融汉、满、蒙等各民族建筑艺术于一体。

5）雍和门。在前院的两座碑亭之间便是雍和门，“雍和门”的门匾为乾隆皇帝手书。殿前的青铜狮子造型生动。殿内正中的金漆雕龙宝座上坐着袒胸露腹、笑容可掬的弥勒菩萨塑像，大殿两侧是泥金彩塑四大天王，弥勒塑像后面是脚踩浮云戴盔披甲的护法神将韦驮。

3. 宫中三绝

（1）竖三世佛

雍和宫的正殿银安殿，殿中供奉的3尊铜像的中间为释迦牟尼佛（现在世），西边是燃灯佛（过去世），东边是弥勒佛（未来世），分别代表现在、过去和未来。大殿供这3尊佛，表明从无限久远的过去，到无限遥远的未来，都是佛的世界；由于时间从上古到今世到未来呈竖向，所以称“竖三世佛”。

（2）须弥山

在雍和宫大殿前庭院里的椭圆形汉白玉石座上的石池中，有一座高 1.5 米的青铜铸须弥山。“须弥”是梵文 Sumeru 的音译，意译为“妙高”。须弥山意为世界最高的山，山顶的“帝释天”是世界最高的天，是天堂极乐之界。因为须弥山是“世界的中心”，因此佛祖释迦牟尼经常在此讲经说法，不少寺院石窟佛都坐在须弥座上。

（3）木雕

五百罗汉山在法轮殿，整个山体皆由紫檀木雕刻而成，层峦叠嶂，阁塔错落；500 个用金、银、铜、铁、锡铸制的罗汉置身其中；罗汉呈讲演佛法、降龙伏虎、乘鹤飞升等姿态，造型逼真，姿势生动，神态各异。檀木大佛是万福阁的迈达拉佛，该巨佛系用整棵白檀树的主干所雕成，总高 26 米，其中地上 18 米、地下埋有 8 米，直径 8 米，全重约 100 吨，是中国最大的独木雕像。

[三十]

国子监——中国古代的最高学府

隋朝以后，国子监一直是中央的官学，是中国古代教育体系中的最高学府。明朝的首都从南京迁至北京，当时在南京、北京分别都设有国子监，其称“南监”（“南雍”）及“北监”（“北雍”）。

北京国子监始建至今已有700余年历史，始建于元至元二十四年（1287年），与孔庙、雍和宫相邻，两侧槐荫夹道，大街东西两端和国子监大门两侧均设彩绘牌楼，是当今北京一条颇具特色且仅存的建有4座牌坊的古建筑街道。国子监建筑整体坐北朝南，秉承了传统的对称格局，在院内的中轴线上，严谨地分布着集贤门（大门）、太学门（二门）、琉璃牌坊、辟雍殿、彝伦堂、敬一亭。东西两侧还有四厅六堂，是我国现存唯一的一所古代中央公办大学建筑（图6-20~图6-22）。

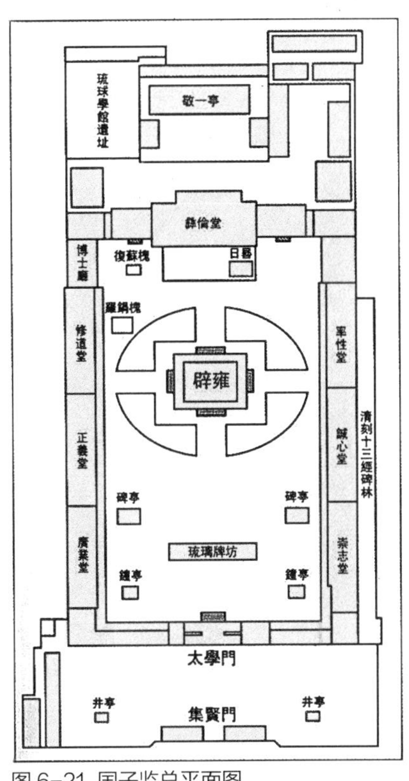

图6-21 国子监总平面图

国子监共三进院落，占地面积27 000多平方米。辟雍殿是国子监的中心建筑，是北京“六大宫殿”之一。辟雍古制曰“天子之学”。国子监辟雍建于清乾隆四十九年（1784年），其建筑风格独特，为重檐黄琉璃瓦攒尖顶的方形殿宇，外圆内方，环以园池碧水，4座石桥能达辟雍四门，构成“辟雍泮水”之制，以喻天地方圆，传流教化之意。殿内为藻彩绘天花顶，设置龙椅、龙屏等皇家器具，以供皇帝“临雍”讲学之用。

国子监主体建筑经历700多年依然保存完好。国子监以其悠久的历史、独特的建筑风貌、深厚的文化内涵而闻名于世，现为全国重点文物保护单位。

图 6-21 国子监、孔庙俯瞰图

图 6-22 国子监集贤门

[三十一]

普渡寺——平视故宫的王府

普渡寺始建于明代，原名为皇城东苑，又名“小南城”，占地近 10 000 平方米。普渡寺在清初为摄政王 (睿亲王) 多尔衮进京后的住所，称睿亲王府。清康熙三十三年 (1694 年)，其改建成玛哈噶喇庙（“玛哈噶喇”是藏语）。清乾隆二十年 (1755 年) 其重新修葺扩建，后乾隆赐名普渡寺。这也是历史上普渡寺最后一次修建，距今约有 270 年。

普渡寺大殿建筑宏伟，台基高大，为须弥座式，大殿有黄瓦绿剪边殿顶，前厦为绿瓦黄剪边。檐出飞椽共 3 层。它的建筑非常独特，建在明代的遗址之上，高台高 3 米多，向西平视可以看到故宫的太和殿顶。大殿面阔 9 间，而且窗棂低矮，这是满族人的建造习惯。这种建筑法式少见，非常独特，这样典型的满族风格文物建筑在北京就这一处。由于整个寺院都建在结实的高台地基之上，故虽历经多次地震仍未被破坏。

普渡寺的大殿位于东城区南池子大街内普渡寺前巷。2013 年 5 月，普渡寺被公布为第七批全国重点文物保护单位（图 6-23 ~图 6-25）。

图 6-23　普渡寺山门

图 6-24　普渡寺大殿

图 6-25　睿亲王多尔衮铜像

七、引述

本节从上述诸多中轴线上及与之相关的建筑（群）的阐述中，还可以引申出一些补充见解，归纳为以下 6 方面。

1. 新形势下对历史文化建筑的保护利用必须有严格的规章

自古至今，良好的建筑物或建筑群的建设，均遵循宏观的城市规划体系，这是一条颠扑不破的规则。

“风貌”是一种人对于特殊的空间秩序的环境感受。对于传统风貌街区的保护，不仅需要对建筑物本身的风貌进行研究，更要注重对环境尺度和街道空间比例的严控。明清北京城延续使用了元大都的道路骨架，它的道路分级严格，组织合理。大街阔 24 步、小街阔 12 步、胡同阔 6 步。按元制一步为 5 市尺，相当于 1.67 米，即大街宽约 40 米、小街宽约 20 米、胡同宽约 10 米，都城的街巷因此宽窄有致、四通八达。难怪当年意大利威尼斯旅行家马可·波罗惊呼：“全城地面规划有如棋盘，其美善之极，未可言宣。”应该说，尺度合理、规整的道路系统为北京城增添了许多韵味。

然而，我们发现在以下 3 条城市道路旁的建筑和风貌，如今正面临很尴尬的境况。

（1）地安门外大街

由于现行城市规划道路建设“红线”的制约，原来有特色的鼓楼前的建筑正面临着严峻挑战。早在 20 世纪 50 年代，受苏联专家为北京编制的“大马路”方案影响，地安门外大街规划红线宽达 50 米，《首都功能核心区控制详细规划》亦有对此作调整。如按照原总体规划执行，地安门外大街的原景观特色将荡然无存（图 7–1）。

在地安门外大街上，钟楼和鼓楼应是空间轮廓上的制高点，但路西建设了超出限高的地安门外百货大楼，曾有计划在路东建设一个大体量的国家话剧院，值得庆幸的是严重超高的地安门百货大楼已被削层降高，国家话剧院已挪址建于广安门外，只是规划道路红线仍未被修改压缩，令人担忧。

《新京报》于2013年6月28日发表文章《北京什刹海将打造空中胡同重现北中轴旧时繁华》，文中提到，什刹海地区的地安门外大街将打造“空中胡同”“其建筑设计将以明清建筑风格的二层商铺为主并通过连廊进行连通，打造‘空中胡同’，以减少地上人流穿行……”“空中胡同”的提法确有吸引眼球的创新思维，但若为适应更浓烈的商业氛围而以破坏社区空间秩序为代价，需进一步冷静思量和谨慎商榷。原真的地安门外大街是典型的“东单西四鼓楼前”的商业通衢，毗邻的商铺是高低错落、以平房低屋为主调的商业街区。“空中胡同”的概念实际上是要加高沿街商铺，增加建筑面积，其中是否为利益驱使，犹未可知。如果把旧北京韵味浓厚的固有文化社区演化为商业味十足的场所，它将会与现今什刹海酒吧一条街一样，丧失“家园”的品位。

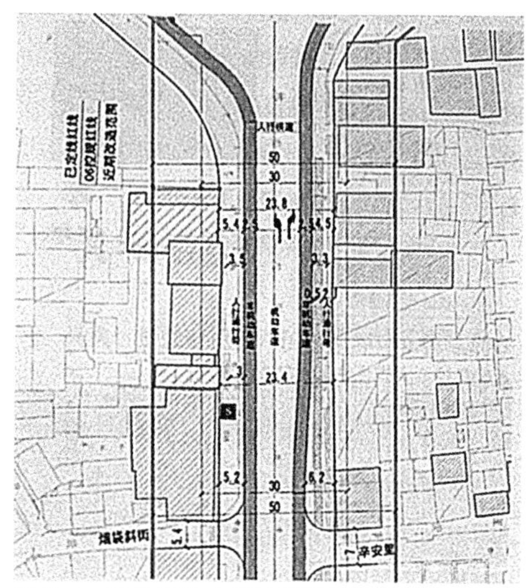

图7-1　地安门外大街的现规划红线制约了中轴线建筑的整顿与保护

（2）白塔寺保护区

白塔寺是北京旧城阜成门——景山文化轴的一个重要节点，是城区历史文化风貌区体系的一个组成部分，也是北京33片保护区中历史最悠久的街区之一。对本街区的研究和实践，将会为北京市的历史文化保护工作带来一定的联动效应。

然而，上述区域道路的规划红线宽度达60米，如照此执行，因大部分历史文化古建筑的门脸均在现定的道路红线之内，白塔寺、历代帝王庙、广济寺等市级以上重点文物保护单位的山门都要被拆除，如白塔寺山门在红线内8.5米，历代帝王庙在红线内10米，广济寺在红线内17.5米，最严重的是广济寺山门要被全部拆掉，并后退17米方能符合规划的要求。朝阳门外的东岳庙因按红线规划实施，其山门被拆毁，钟楼、鼓楼“龇牙咧嘴”地暴露在大街上（图7-3），已造成了无法弥补的巨大损失，我们应该从中汲取教训。

现在，尽管白塔寺、历代帝王庙和广济寺的总体环境得到了保护，但阜成门内大街的规划红线仍未被压缩变动，保护与更新的实践总不免“名不正言不顺”，面临“合理不合法”的窘境。停止破坏旧城街巷构架、建设“大马路”，建立并完善适合旧城保护和复兴的综合交通体系为当前所需。我国城市的总体规划中，为延续整个城市的道路网，红线宽度通常都较大，但实践证明，这种做法既不能从根本上解决旧城区内的交通问题，还会因大规模地拆建使得旧城区风貌和环境尺度受到不可逆的破坏。

（3）五四大街

北大红楼面临的五四大街规划道路红线宽达 60 米，东侧的东安门北街及东黄（皇）城根北街之间的道路红线总宽度竟达 85 米。如按现行总体规划的道路红线和路口规划建筑控制线的规定实施，这幢“国保级”历史文化名建筑的东半部将不复存在，红楼的整体保护也将面临极为尴尬的局面（图 7-4）。因此，抓紧调整旧城规划的道路红线已经成为当务之急，这也与“旧城不能再拆了”的精神更加符合。

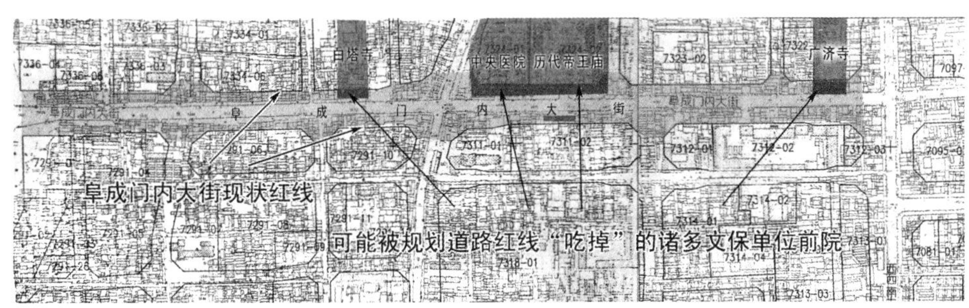

图 7-2　阜成门内大街的规划红线将使一系列文物保护单位的完整性受到影响

图7-3　朝阳门外东岳庙因遵循“红线”拆毁了山门，使钟楼、鼓楼“龇牙咧嘴”地暴露在大街上

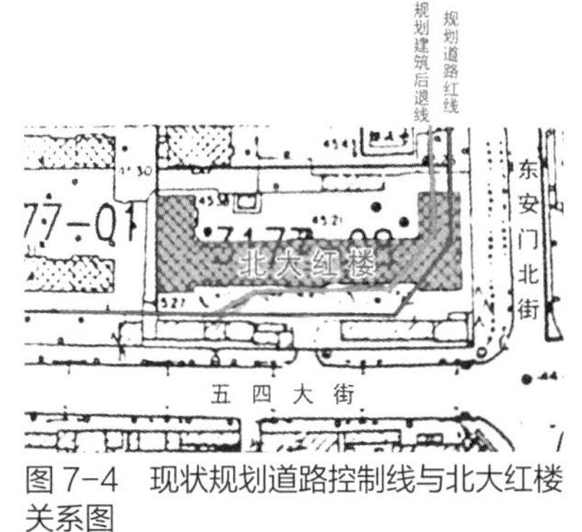

图 7-4　现状规划道路控制线与北大红楼关系图

2. 复建古建筑必须维持原真性

（1）永定门

永定门于 1957 年被拆除。2004 年 9 月，永定门复建，但其城池的防御系统，即箭楼和瓮城未被完整建设，护城河在此处本应呈“U”形而不是“一”字形，而现今复建后的永定门仅是一座孤单的城门楼。为了绕开“一”字形的护城河，城门楼的位置不得不从原址北移几十米，这一举措或将误导后人（图 7–5）。城门洞上方所嵌的“永定门”石匾并非原件而是仿制品（图 7–6），原石匾被埋在先农坛北京古代建筑博物馆的柏树下。

图 7–5　复建的永定门位置并非原址

图 7–6　永定门洞上的石匾为仿制品

由此使人联想到西班牙东北部有一个名叫博哈拉的小镇，镇上的米塞里科迪亚教堂中保存着 19 世纪画家埃利加斯·加西亚·马丁内斯所绘的《戴荆冠的耶稣》壁画，该画笔法细腻传神，在美术史上占有重要地位。因为当地气候潮湿，壁画出现斑驳脱落现象，文物部门四处筹集资金，并聘请专家前来修复，却发现这幅传世名画已经被改绘成一幅变形的“卡通画”：原本的耶稣头戴树枝编织的荆冠，现在却变成了一只猿猴戴着包着耳朵的皮帽（图 7–7）。如此珍宝惨遭毁容，全镇一片哗然。此举是一位 81 岁高龄的老妇塞希莉娅·希梅内斯所为。她看见壁画破损，

图 7–7　《戴荆冠的耶稣》壁画（组图）

擅自购买了画笔和颜料，直接闯进教堂对原作进行“修补”，完成了这幅令人啼笑皆非的“杰作”。此事轰动一时，居然为默默无闻的小镇吸引了大批游客，“戴皮帽的猴子”形象还被印在各种纪念品上，十分畅销。但被破坏的壁画究竟该如何被重新修复，仍是文物专家所面临的棘手难题。这个故事说明，文物不能被随意修复，否则会对文化遗产造成难以挽回的破坏。

（2）故宫

故宫是中轴线上最重要的建筑群体，必须被完整地保护。但是，在20世纪70年代，在故宫西华门两侧“赘生”了两排体量庞大的仿古建筑物，如此画蛇添足式的仿古建筑群严重破坏了西华门应有的严谨的建筑轮廓线（图7-8）。

图7-8 西华门两旁赘生的两排仿古式新楼

（3）前门大街

全长850米的前门大街原是北京的一条古老的商业街道。2005年，前门大街的改造重建了沿街商业店铺，配套了沿街小品，整理了周边环境，在完善中轴线构成和烘托商业氛围方面，起到了一定的积极作用。然而，前门大街在改造竣工后经济效益欠佳。就规划建设而言，因策划欠周，赶工明显，建筑的材质、色调一样，街道似乎是一夜之间形成的街道，完全没有一百多年历史的沧桑感（图7-9）；马路上增添了鸟笼式和拨浪鼓式的街灯；复原的“铛铛车”省掉了必须有的架空电线，车顶上的“辫子”成为不伦不类的摆设（图7-10）。在业态设置方面，一批时尚品牌

图7-9 前门大街沿街建筑的墙面材料一样且崭新

入驻前门大街，但因不符合整条街区的“性格”，这些品牌又纷纷撤出（图 7–11）。曾经前门大街历史街区由某个商业性集团承包经营，但经营情况不佳，店铺空置率近三成，撤店潮一轮接着一轮。在改造前，沿街商铺每年可以向北京市上缴 2 亿的税收，但在经 100 多亿元改造后，步行街却一直亏损。

图 7–10　前门大街上“铛铛车”的“辫子”缺少应有的架空电缆

图 7–11　前门大街一批店铺关门

3. 必须严格控制新建筑的高度和体形

由于整个市区建设的高度控制考虑欠周，北中轴面临空间无序的状况（图 7–12）。在地安门外大街上，钟楼和鼓楼应是空间轮廓上的制高点，但 1973 年大街两侧建起了 5 725 平方米的 5 层商业大楼，后来又续建至近 8 000 平方米，成为鼓楼前、什刹海畔最煞风景之物；有关部门曾考虑要在东侧再建一座高度为 24 米的国家话剧院，其高度甚至比规划控制的 9 米高出 2.7 倍！一旦建成，东西两座巨物必将彻底毁掉地安门外大街保护区的传统风貌。现在路东耸立着的塔式住宅，路西的百货大楼等建筑群仍对什刹海的环境有极大的影响。1984 年，一幢高达 52 米的 11 层积水潭医院病房大楼（新北楼）在什刹海西畔盖起，由于其庞大的体量严重影响了原本开阔的视野（图 7–13），因此遭到世人的诟病，拆除新北楼的呼声日渐高涨。在《北京城市总体规划（2016 年—2035 年）》的实施过程中，该楼高度得到大幅度降低，使“银锭观山”的历史景观不再被遮挡。

在轴线和重要历史文化街道两侧设计新建筑物时，设计者务必重视其与原建筑物风格体量相协调，切忌简单化或标新立异。

在永定门内天桥南大街的西侧，新盖有天桥剧场等大量建筑物，它们形体方正简单，与中轴线的传统风貌很不相称（图 7–14）。

在人民大会堂西侧、沿西长安街建造的国家大剧院，由法国建筑师保罗 · 安德鲁（Paul Andreu）执笔设计，其蛋形的建筑造型与京城古都风貌并不协调（图 7–15）。

4. 坚持“可拆可不拆尽量不拆”的原则

中共中央、国务院关于对《北京城市总体规划（2016 年—2035 年）》的批复中提出“老城不能再拆”，遗憾的是北京城中保留较完整的历史风貌空间现在已少之又少，1949 年旧城原有的约 2 000 万平方米历史建筑（包括 1 300 万平方米平房四合院）保留下来的不足四分之一。原来北京共有 3 050 条胡同，至 2003 年，道路宽度在 20 米以下的胡同（包括街巷）仅余 1 600 条。目前，旧城内被直接称为“胡同”的道街只剩下 400 多条。

图 7–12　鼓楼前混乱的杂房

图 7–13　“银锭观山”曾经被积水潭医院高大的病房楼遮挡

图 7–14　永定门内大街西侧的新建筑与中轴线传统风貌不相配

图 7–15　国家大剧院体形与周边建筑很不协调

1954 年，曾经著名的双塔寺在拓宽西长安街时被拆掉了。当时，建筑大师梁思成曾阻拦：“像西长安街上金代的庆寿寺双塔，为什么一定要把它拆掉？为什么不能把它保留下来，作为一个街心小绿地看一看。”

在第二次世界大战中，梁思成先生（图 7-16）曾为美军标注出日本两大古城京都和奈良，本着建筑师的良心，做出了一件足以传世的大事——拯救日本古建筑。他曾对美军说：“‘建筑’这一词的英语是 Architecture，原是‘巨大工艺’的意思。所谓‘巨大’并非指它的面积与体积，而是指它是人类社会科学、工程技术和艺术发展的综合体。因而，建筑又是社会的缩影和民族的象征。但它绝不仅仅是某一个民族的，而是全人类文明结晶具体象形的保留。我图上所标上的地方，保留着东方最古老的建筑。像奈良的唐招提寺、法隆寺，那是日本最早的木结构建筑，一旦炸毁，那是永远无法补救的。”这两大古都因而得以完整保留，日本建筑学家称：“梁思成先生是我们日本的大恩人。”在北平解放前夕，梁思成又专门为中国人民解放军在地图上圈注了城内要保护的重要建筑，以免其遭战火损坏。为保护北京的古建筑，梁思成呕心沥血、功不可没，但双塔寺还是因种种原因未能保存下来（图 7-17），实为遗憾！

图 7-16　古建筑的保护神梁思成

图 7-17　双塔寺遗址在西长安街南侧凸出了一段

5. 严格控制对历史性建筑的拆除，并清除其周边的违章建筑

砖塔胡同自元代沿袭至今，是北京城里得名最早的胡同。胡同里有许多名人故居，它们共同构成了一部“活”的历史教材。然而在21世纪初房地产热的时期，胡同里“拆”声一片，连鲁迅故居对面的房屋也被刷上了大大的“拆”字，张恨水故居也在拆迁范围之内。但在各方面的强烈呼吁下，它们幸运地得以暂时保留。

皇史宬周边的违章建筑清除得当，不仅院内的文物腾退工作顺利完成，整个院内597.14平方米的违章建筑物也按计划被逐步拆除，此后故宫博物院对其文物古迹进行原貌修复。这一举措对于古建修复、中轴线申遗等工作都有着重要意义。

6. 保护古迹必先正名分

传统地名是古都历史文化的重要组成部分，为古建筑“正名分”不可或缺。“皇城”和“黄城”多年来这一称谓常被混淆。实际上正确的称谓应该是“皇城”，因为古都北京的完整城池体系由四套城墙组成：紫禁城、皇城、内城和外城。所谓“皇城”，即为皇家禁苑，闲杂人等严禁涉足。民国以后，除了沿长安街一带的皇城尚存之外，其余的都被陆续拆除，仅留下了“皇城根”的街巷名。在1934年版的《最新北平全市详图》及20世纪60年代以前的地图上，都可以找到“皇城”的踪迹。

“黄城”之名源于1964年对街巷名称的整顿。在“革除封建迷信”的指导思想影响下，同音的“黄”字替换了“皇”字，其实皇城墙是红色的，并非黄色。但这也造成了一定程度的混淆，路名牌、门牌、汽车站牌及店铺名牌，都各自定名，这已不适应创建全国文明城区的规范化管理要求。长此以往，这也易误导后人。

在北京旧城内，还有许多历史文化保护街区存在类似的问题，需要有针对性地解决。

2005年，国家文物部门拟将北京皇城遗址申报世界文化遗产，北京历史文化名城保护规划及保护条例也都明确提出了“传统地名是北京历史文化名城保护的重要内容之一”“本市严格保护传统地名”“客观形势要求必须正本清源”“统一使用‘皇城’的地名系统”。当然，把“黄城根”恢复为“皇城根”，必然要涉及变更路名牌、门牌、工商税务登记及宣传等一系列的工作，还需在未来逐步推进。

八、结语

北京是世界著名古都，丰富的历史文化遗产是其金名片。精心传承好、保护好历史文脉，凸显北京历史文化的整体价值，强化“首都风范、古都风韵、时代风貌”的城市特色，是保护工作必须遵循的宗旨，对于做好北京城传统中轴线及其相关建筑群的保护工作尤为重要。在 2021 年 7 月举办的第 44 届世界遗产大会上，与会专家再次强调了北京中轴线的文化遗产价值，中轴线的整体申遗工作亦得到了社会各界的持续关注。

地球上很高物质资源正在逐日减少，唯有文化（含建筑历史文化）日益丰厚并永世传承。因此，未来城市的竞争力特别是历史古城的竞争力必将以文化论输赢。在未来的工作中，我们需要坚持文化自信，弘扬古为今用的精神，切实做到在良好保护中合理利用，真正使北京传统中轴线成为世界闻名的历史文化遗产。

城市的文化在历史进程中不断积累、浓缩和变革，每个时代都会留下当时的作品，这些作品逐渐奠定了城市的人文内涵。这些历史脉络被继承，城市的灵魂才能得以传承。历史的经验和教训告诉我们：一座城市可以在短期内迅速地建造起来，但是一座城市的文化品位、人文精神绝不能在短时期内 “凸显”。

在世界文化遗产名录中，历史名城的数量占到了三分之一。巴黎、伦敦、罗马、圣彼得堡、巴塞罗那等国际化大都市在享受现代文明的同时，也完整地保存着历史的风貌。遗憾的是，中国却只有平遥和丽江两处古城被列入世界文化遗产名录；尽管完整的北京古城已不复存在，但尚有以中轴线串联的大量古建筑（群），它们需要被妥善保护。为了切实做好这项工作，以下 5 项原则应被遵循。

1. 明确指导思想

我国对北京古建筑及历史文化保护区的工作进行指导时明确提出：“建筑是凝固的历史和文化，是城市文脉的体现和延续。要树立高度的文化自觉和文化自信……处理好传统与现代、继承与发展的关系，让我们的城市建筑更好地体现地域特征、民族特色和时代风貌”“让历史文化与自然生态永续利用，与现代化建设交相辉映”。我们应传承历史文脉，处理好城市改造开发和历史文化遗产保护利用的关系，切实做到在保护中发展、在发展中保护。

上述工作并非单纯的技术层面的工作，还包含了大量文化性、社会性和政策性的内容，其中以文化性为重中之重。这是个综合性极强的任务，需要多方面共同配合。

2. 遵循法规原则

《历史文化名城保护规划规范》（GB 50357—2005）对各类保护用地有明确的规定，还对建设控制地带做出了明确的定义和要求。此规范是做好古建筑保护工作的重要依据，需要相关单位在工作中共同遵守和执行。

北京旧城 33 片历史文化保护区总面积为 20.6 平方千米，占老城总面积 62.5 平方千米的 33%，占核心区 92.5 平方千米的 22%。保护工作需要对有保护价值的建筑和构筑物、古树名木、街道和胡同肌理、历史水系等物质要素，以及传统文化和非物质文化遗产等非物质要素系统进行完整地保护。

“保护”的视角必须扩大，保留城市传统文化的精髓是当务之急。保护的对象涵盖建筑、道路、绿化植被、市政设施、城市照明、广告牌匾、城市小品、无障碍设施、标识系统和公共艺术等 10 个方面。在城市迅速发展的今天，这十大要素作为城市记忆和城市文脉的象征，越来越展现出独特的不可替代的价值。

3. 保护利用原则

“保护为主，抢救第一，合理利用，加强管理”16 个字可以作为建筑遗产保护利用原则的概括。它们既有主有次，有先有后，又相辅相成，缺一不可。对古建筑只有保护的愿望还不够，静态的无所作为的保护也只能暂时有效、短期有效，难以维持长久。当然，对历史文化名城的古建筑（包括历史文化保护区）进行保护，并不是一切都不能动，什么都不许拆。历史文化名城也要发展，历史文化名城里的老百姓的生活也要实现现代化，这是历史的必然，关键是怎么动，如何发展。对于人们常常产生误解的“保护” 与“利用”的问题，“保护为主，抢救第一”是前提和核心，“合理利用”是手段和目的，“加强管理”是关键和保证。若“利用”不以“合理”来限定，实践中就有可能与“保护”间存在抵牾，此时，“利用”就必须服从“保护”（即“保护为主”）；但是，若能做到“合理利用”，这将会大大促进文物的“保护”。所以，从一定意义上讲，“合理利用”就是保护文物的终极目的。因此，绝对地使街巷系统保持原封不动是既不实际也有悖于法规的。

前门大街、地安门外大街及砖塔胡同等古建筑密集的街区，既需要全面遵循“保护为主，抢救第一，合理利用，加强管理”的总方针，同时也应该统一协调保护、抢救、利用、管理各要素。因为保护与发展应是互惠互动的：严格的保护能维系自然景观和人文景观的永续利用，而合理的利用又能创造更好的保护条件。如果只有保护的主张而无保护的办法，利用也是难以实现的。多年来，保护区坚持“我保护，我受苦；我保护，你发展”的原则，保护区的居民为古都的历史文化承袭做出了很大贡献。由于漫长的历史变迁，北京的古建筑风貌保护区的大多房屋只剩下碎砖墙体、残瓦灰泥顶盖，抗自然灾害能力极弱。保障这类居住区内居民的安全，亦已成为保护工作的重点。

古建筑文物的保护与利用的关系应该是相辅相成、相互促进、相得益彰的，因而建设必要的生活配套服务区与文物保护并不矛盾。只有不断培育新的文化业态，使之与当代社会发展相同步、与现代文明相协调，全面体现民族特色、地方风韵和时代精神，古建筑保护区的文化传承才能保持活力并焕发青春。传统风貌建筑物具有的文化个性，只有通过合理利用才可以完整呈现，体现风貌区的价值。把文化遗产的价值和功能弘扬光大，启迪世人，就是“合理利用”。在一定意义上，“合理利用”就是保护建筑风貌的终极目的。在实践中我们要把握好的原则主要有以下3项。

（1）考虑整体性

建筑文化（含物质文化和非物质文化）是在一定历史环境下“生长”而成的，它与周边环境共生，而不是孤身只影、独善其身。保护不仅要保护建筑核心区本身，还要保护其周围的原本环境。对于城市、景点、街区和景区来说，保护其整体的环境尤为重要。因此整体性还包含文化的要素，例如对位于城市街区的历史文化保护单位的保护，就应同时保护邻近居民的生活以及与此有关的所有场景。

（2）维系原真性

激活旧城的新理论需要被引入。欧洲的许多城市把现代化城市建设和尽量保护原有古建筑（群）固有风貌的工作结合起来，英国早已不用“旧城改造”（reconstruction，renew，renovation）等提法，而改用“激活旧城”（regeneration）或“整治旧城”（refurbishment）等作为指导思想，并且在实际工作中探索创造出多种多样的保护利用措施。对历史文化古城的激活和整治，必须遵循有机更新和微循环的原则，即要保护历史文化遗存的全部历史信息，保护真实的历史原物。整治古建筑（群）必须坚持“整旧如故，以存其真”的原则，铺装和绿化应用原材料、原工艺、原式样，以体现原风貌。

（3）保持延续性

古建筑是历史文化的载体，蕴含着历史性、地域性、民族性和时代特色。历史文化街区的保护工作要摒弃静态的博物馆式的保护思想，应以动态的保护思想协调历史环境和现代生活的关系，实现历史遗存的可持续发展。保护历史文化古迹重要的是保留城市的历史文脉、环境的基因和建筑的风貌，并使之适应新的城市生活。

在已公布的第一批“中国历史文化街区名单”中，北京的皇城保护区、大栅栏历史文化街区两项入选，而久负盛名的什刹海历史文化区却未能入选。其原因在于其保护管理工作不力，商业开发过度，致使历史文化街区的历史文化价值遭到破坏，不符合规定条件。

北京旧城历史文化保护区中原有的牛街片区拥有大量回族文化遗存，但在房地产热中，法规原则被忽视，住宅高楼被盲目建起，目前该片区仅存一座清真寺（图8-1）。牛街也只得从北京旧城历史文化保护区的名单中被除去，十分令人痛心。

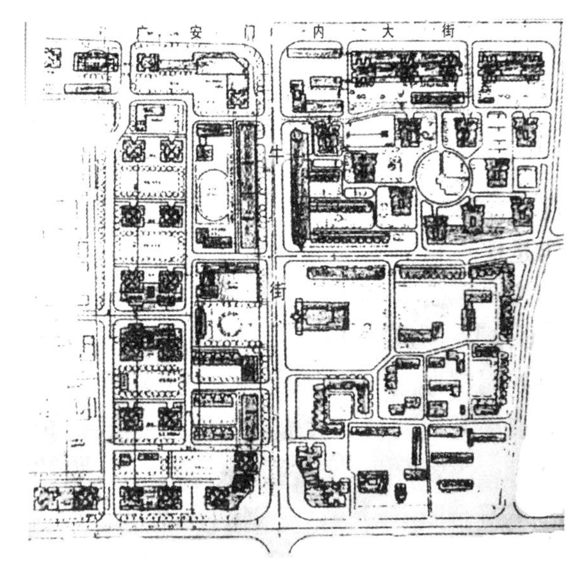

图 8-1　牛街改建规划使传统的街区肌理消失殆尽

4. 纠正认识误区

多年来，我们在历史文化古建筑的保护中，普遍存在一些认识上的误区，主要有以下 5 点。

（1）城市遗产保护阻碍城市发展

北京的古建筑是一部脍炙人口的历史教科书，完整记录了古都北京城市沿革的轨迹。保护好古建筑街区的空间结构，是传承城市人文历史脉络的必要条件，也是中华民族子孙义不容辞的历史责任。

有人把保护与发展看作不可调和的矛盾，认为在历史古城中为了建设而造成破坏是不可避免的；把传统特色看作是“落后的封建糟粕”和“与现代化不相容的”，看不到古建筑历史遗产潜在的深厚价值和文化创意的巨大潜力。上述观点并不正确。

有远见的专业工作者已经开始行动起来，在城市更新（改造）和发展中，更加注重保护城市地方文化和生活传统，更加注重有机地保护文物、街区、树木、景观、风貌等有形和无形的遗产价值。这些城市文化遗产在一定程度上构成了城市真正的“卖点”。

（2）保护古城就是恢复历史遗迹，重建古建筑

我们提倡对古建筑的保护、整治和合理利用，这些应该是有机结合在一起的。这里的“保护”并非冻结式保护，而是包括重建式保护、迁建式保护、整治式保护和嵌入式保护在内的多元化保护。

盲目地一味“重建”并不科学合理，也是当代人在认识上的误区。另外的极端做法是热衷于修庙垒塔，新建具有“传统特色”的古建筑，并且偷工减料，急促赶工。永定门的修复工程就是拆了真古迹而仿建假古董的典型一例。

（3）保护古城是为了发展旅游

一些地方一味追求经济回报，突击修大广场、盖旅馆，使得商铺云集，造成了“旅游性破坏”。城市古建筑景观是一个城市的文化基因，它需要被传承与发展。在当前“城市美化”的大潮中，人们对城市古建筑的修葺大多只是清洁、粉饰、修补，满足于对形象的展示，缺乏对城市艺术、城市设计和城市改革的深层次研究。具体做法往往“三重三轻”，即重抄搬、轻研讨；重外袭、轻本土；重张扬、轻文态。

（4）有机更新就要造新市区

重现京味儿生活，是北京传统中轴线历史文化街区更新的永恒主题。从中国的城市发展史看，当代的城市建设规模空前。从首都到各地省会，乃至边陲小城镇，都曾展开翻天覆地的“造城”运动，有些“更新”更是地毯式的重建。这种“城市化”在世界上可称得上是绝无仅有的。城市显现出浅露直白、缺乏文化、千城一面的景象。以城市的使用功能统领建筑功能，忽视城市的精神性（历史、传统、习俗、个性及特有的美感等），这是当前中国城市建筑趋同化与粗鄙化的症结所在。

2015 年，西城区在紧临中轴线的前门大街西侧启动了以北京劝业场为核心的北京坊（图 8–2）整体保护治理工作，并于 2017 年初步完成一期工程，二期工程 2023 年竣工。

北京坊所在的街区历史文化独特。它植根于大栅栏 600 多年的文化历史街区，毗邻北京中轴线，文化底蕴极为深厚，是一个将文化、艺术、生活方式等相融合的典型街区（图 8–3）。在一百多年前，这里是京师劝业陈列所，“劝业”二字寄托了一个时代实业强国的希望。如今，这里是北京城闻名的市民生活“体验区”，有艺术拍卖、科技博览、文化讲坛、品牌发布、艺术展览、传统戏剧等。劝业场、谦祥益、盐业银行、交通银行等旧址均在此处，多种文化体验内容吸引大量游客，这里每年的客流量达 5 000 多万，热闹非凡。其内部开合有序，错落有致，广场与主街形成了空间上的变化。这样的街区关系，营造了一种轻松的生活氛围（图 8–4）。为了更好地实现文化的活态保护与更新，相关人员在对街区进行设计和建造过程中，

图 8–2　北京坊紧挨着前门大街

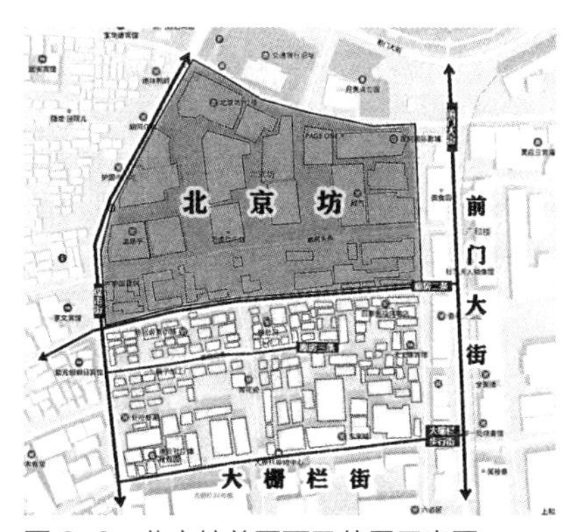

图 8–3　北京坊总平面及位置示意图

图 8-4　与中轴线融汇一体的北京坊

大量地运用地方文化符号。如今的北京坊是劝业场锐意创新的“精神续作”，在空间设计上，北京坊按照吴良镛大师提出的“和而不同”的理念，构建了一个调性统一却丰富多变的“名师建筑集合”，由崔愷、朱小地等七位建筑大师共同设计，向人们呈现出民国风范。也因此，北京坊成了一个风格多变、细节入微的户外建筑博物馆。

在功能业态的选择上，北京坊一方面承袭了原有的非物质文化遗产以及传统的文化生活形态，有文化展馆、家传体验中心等，同时，也引入了现代性的文娱功能，MUJI 酒店、PageOne 书店等入驻，复合的功能适应不同人群对历史文化的体验诉求。北京坊的改建是摒弃大规模城市改造、启用“微更新”节点式改造模式的成功典范，值得从事北京老城更新工作的人员学习借鉴。北京坊如其展示廊上所述，“是一个没有寂静黑夜的城市剧场，永不落幕。”

（5）必须保护原貌，修旧应该如旧

中共中央、国务院对《北京城市总体规划（2016 年—2035 年）》的批复中提出：“老城不能再拆，通过腾退、恢复性修建，做到应保尽保。”城市是人类社会、经济与文化发展的产物，中国旧城保护与城市更新（改造）是现阶段中国城市发展必定要经历的过程。若以凝固静态的观点对待历史文化传承，便是对社会进步、与时俱进的忽视。所以，现阶段对遗产的保护工作应是“风貌保护”而不是“原貌保护”，同时还要注意保护古建筑的风土环境、旧城的历史格局和传统风貌，避免使古建筑与其所见证的历史和产生的环境分离。因此，我们应该提倡的是“修旧如故”，而不是“修旧如旧”。

《北京市城市更新行动计划（2021—2025 年）》明确提出，要通过打造建筑、居民、文化三者和谐共存的“共生院”，来推动老城的保护性修缮和恢复性修建；与此同时，应该坚持古建筑的“可读性”。可读性就是能让人们在历史遗存上读得出它的历史，不同时期留下的痕迹应当被保留，不能按现代人的思维模式去抹杀掉历史的“年轮”而误导后代。以“危房改造”为名义进行“推光头式”的大片拆迁和大片重建，或者在风貌街区打着“保护改造”的幌子，对街巷肌理进行房地产开发式的破坏、整体增加建筑密度和提高建筑高度等建设性破坏都是不可逆的，这些行为必须被杜绝。

5. 引入“现代遗产”的新概念

“现代遗产”是世界遗产中的一个重要类型，它的定义是“19 世纪以后出现的人类杰出创造”。已经跻身于“现代遗产”名录的堪称典范的项目有：20 世纪 60 年代建成的年轻城市巴西利亚；巴塞罗那神秘而奇异的盖勒公园；建于 1922—1924 年的瑞典南部的威堡广播站；建于 1880—1888 年的澳大利亚墨尔本的皇家展览馆和卡尔顿园林等。“现代遗产”的最新口号是“人类献给未来的礼物”。目前，见证中国现代发展进程的“现代遗产”如近 50 年建造的北京十大建筑已被归入文物保护范畴。

在整治古都景观环境时，设计者应遵循《国际古迹保护与修复宪章》精神：“旨在保存和展示古迹的美学与历史价值，并以尊重原始材料和确凿文献为依据，一旦出现臆测，必须立即予以停止。”

6. 预设中轴线的延伸性

北京在现代建设实践中，有意识地把传统中轴线向南北做了必要的延伸拓展，使京城的中轴线在空间上更适应新时期的需要。

20 多年前，中轴线向北延伸了 17.2 千米，直至清河亚运村和奥体公园，中轴线总长度由原先的 7.8 千米延长至 25 千米，总用地面积达 16.77 平方千米。北京奥运中心成为里程碑式的建筑群，成为继天安门广场和故宫之后的另一个高潮，成为北京的新地标。奥林匹克公园也采用了中国传统的中轴线对称布局，与天安门广场和故宫遥相呼应。延长的中轴线既保持了传统中轴线的中心地位，又将城市新的功能融入其中。

北京的南中轴拟再向南延长 42 千米至大兴国际机场。如此，北京中轴线在向南北延伸之后的总长度将达到 67 千米，这条发展中的城市中轴线长度将再创世界之最（图 8–5）。

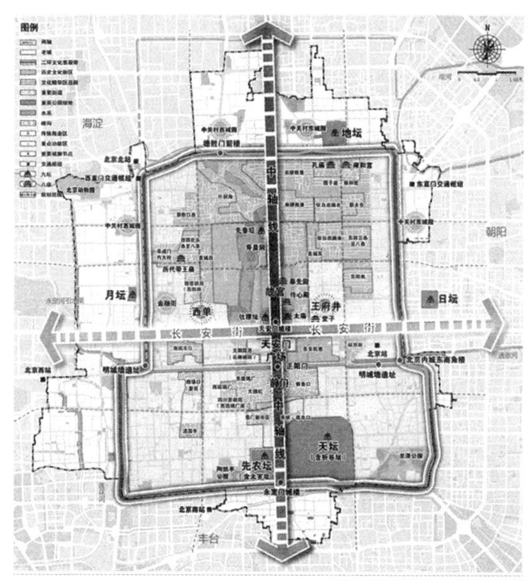

图8–5 《首都功能核心区控制性详细规划（街区层面）》中轴线布局图

7. 多手段整治文物保护区

技术创新是使历史文化街区适应新时期的保障。对文物保护区的整治要有一定的技术创新性，特别要研究和引进诸如市政综合管沟技术、新型建筑材料、节能减排技术、太阳能综合利用技术、水处理技术等方面的先进技术，只有这样，才可以又好又快地实施有机更新的保护改善策略。

（1）坚持“精华必保、破败必治”理念

我们应学习和实践科学发展观，实事求是地看待风貌保护区优劣并存的客观实际。我国的传统建筑大多是砖木结构，抵抗自然侵袭能力弱，破败速度快。以北京的传统四合院平房街区为例，3 类及 3 类以上的危旧房比例在 20 世纪中叶只有 5%，现今已普遍达到 70%，如果不采取必要措施，不久它们将不复存在。因此，我们必须坚持“精华必保、破败必治”的整治理念，把“保护优秀”和“更新落后”真正落到实处。要以有机更新为重点，采取多种方式，全面改善民生现状，提高人居生活质量，提升建筑遗产保护利用水平和传统风貌品质，使文物保护区的“保护”理念跟上时代发展步伐，传承延续历史文脉。

相关人员对于保护区内的房屋建筑要分类区别对待，对 1 类和 2 类的坚决要保，3 类的要修，4 类和 5 类危房原则上必须拆，真正做到该保的必须保，该改的就得改。此外，专业人员还要根据《北京旧城 25 片历史文化保护区保护规划》中给出的规划设计条件，在规划方案上下功夫，充分利用空间资源，提升土地使用价值，延续历史文化传统，这才是符合文物保护区实际的合理选择。

根据国家标准《历史文化名城保护规划规范》，重点保护区内必须严格保持固有的文化内涵和建筑形态；建设控制区在重点保护区以外，允许建设，但应严格控制其建（构）筑物的体量、高度、色彩及形式。因此保护区并不应只按照一种整治模式，重点保护区是以保护性修复为主、局部更新为辅的区域；建设控制区是允许进行更新改造，但要严格加以控制的区域。这样做更有利于继承利用宝贵的文化资源，全面改善民生。

（2）加强文物保护单位及其周边景观环境的整治

相关人员对处于核心部位的重点保护区，要在内部严格整顿过分开发的项目，特别是具有经营谋利性质的“配套设施”，还其固有的环境和文化氛围；对周边建设控制区的环境景观应严格按照风貌特性（街巷肌理、建筑形态、高度、色彩等）积极、审慎、有计划地进行整治。

（3）引入“现代遗产”理念

20 世纪 50 年代建造的北京十大建筑等“现代遗产”虽诞生时间并不长，但如果能得到妥善保护利用，控制区在建设时严格按照各限定要素，做好有机更新的整治方案，这样的成熟社区在若干年后，也可以成为宝贵的遗产。

（4）变被动保护为主动保护

盲目地一味“保护”并不科学合理，这是一个认识上的误区。保护整治和合理利用应该有机地结合在一起。

没有足够办法的保护，没有具体措施的保护，没有资金的保护，没有当地居民积极参与的保护，遗产保护效果将是极为有限的。需要保护的对象在人们长期的对“保护”的谈论中退化、损坏，甚至消失。多年来，一些古建筑停滞于被动的消极“保护”，陷入“死保—保死”和“越破越保—越保越烂”的怪圈，在听任破败的保护区内，人民的居住质量每况愈下，这是一种官样文章式的做法。

文化传承是可持续发展的根基，文化遗产是从事科研、建设社会主义物质文明和精神文明的宝贵资源，保护是基础和前提，有控制地利用则是延伸。

（5）全面理解保护的内涵

近些年来，我国对传统历史街区的古建筑进行了动态的保护利用，环境、社会、经济的三大效益都得到了可喜的提升，其经验可供借鉴（表 8-1）。

表 8-1 古建筑的保护与建设控制要求一览表

序号	差别要素	重点保护区	建设控制区
1	区位特性	在保护区核心部位，体现保护区的精粹	在保护区周边，烘托保护区的环境氛围
2	文物建筑	相对集中	比较稀少或无
3	保护级别	等级较高	等级一般
4	传统建筑	质量较好	质量较差
5	规划要求	以保护为主	以建设控制为主
6	改建要求	不允许成片改建，只允许局部微调	可进行改建，但要严格控制建（构）筑物的体量、高度、色彩及形式

历史文化街区的古建筑保护不是简单的规划问题，而是一个综合的社会问题。历史文化街区古建筑的保护内涵十分宽泛，就物质文化领域而言，就涉及规划、环境、交通、绿化、城管、房管、社区管理等诸多方面，它既是规划建筑工程，更是社会工程，包括十大类保护要素（表 8-2）。

表 8-2 历史文化街区古建筑保护构成要素的十大类型

序号	类型	构 成
1	建（构）筑物	各类公共建筑、住宅建筑、文物保护单位、广场、围栏、围墙等
2	道路交通	人行过街设施、停车设施、公共交通站点、立交桥、人行道等
3	公共艺术	城市雕塑、环境艺术品、街区标志、招贴海报 / 墙面装饰画等
4	绿化植被	古树名木、绿地、行道树、花灌木、绿篱、绿带、立体绿化设施、花坛、花池、屋顶绿化

续表

序号	类型	构 成
5	城市照明	道路照明、建筑泛光照明、广告照明、绿化照明
6	城市小品	公共服务类（邮筒、垃圾箱、座椅、电话亭、阅报栏、各类宣传栏、免费饮水设施）、零售设施类（报刊亭、售货亭）、管理类（环境管理亭、治安亭、交通管理站）
7	标识系统	交通标识系统、交通枢纽标识系统、停车位导向标识系统、行人导向标识系统、古树名木标牌系统、市政服务设施标识系统、街巷胡同名牌系统、楼号牌和门牌号系统
8	无障碍设施	盲道、无障碍标志、坡道 / 坡道护栏、低位装置、无障碍厕位等
9	广告牌匾	户外广告、牌匾幌子等
10	市政设施	各类杆线、井盖、雨水箅子、变电箱、配电箱、公厕、其他（烟囱、通风塔、水塔等）

补：他山之石

在中国城市发展过程中，旧城保护与城市更新（改造）的成功案例较少，相关人员在开展工作时需要获取城市发展的最新政策信息，借鉴较为成功的历史文化古城保护实践经验，从而形成更加科学合理的旧城保护与城市更新（改造）的理念与思路。下面有一些可供借鉴的做法。

（1）杭州清河坊

清河坊历史文化特色建筑街区（图 8-7）位于杭州城南部吴山脚下，距西湖仅数百米，占地 13.66 公顷，是杭州目前唯一保存较完好的旧城区，也是杭州悠久历史的一个缩影。这里除了供市民休闲外，还有各种各样的大型公益性演出活动频繁举行，常常呈现人山人海的景象，各种展会、活动丰富多彩，人气和商气极旺。清河坊自 2002 年整修后，包括 127 个传统店铺和宅院，街两侧的房子都是一色的木结构，青瓦片，不刷油漆，显得古色古香，成为一条颇具特色的历史商业街，也成为旅游观光的热点街区。

图 8-7 杭州清河坊

（2）英国伦敦金融城

英国 1882 年首次颁布了关于保护文物古迹的法律《文物古迹保护法》，之后各地不断涌现出保护古迹、古建筑的民间团体、协会，推动着文物古迹保护法令的实施，在一定程度上对古迹、古建筑的保护起到了积极的作用。1967 年，英国通过了《城市文明法令》，首次在立法范围内提出了“保护区”的概念，即“其特点或外观值得保护或被强调的，具有特别的建筑和历史意义的地区。”1971 年，《城市文明法令》基本上被纳入了《城乡规划法》的体系，1974 年被修改通过的《城乡规划法》进一步注重对古建筑的保护，特别强调所有保护区内建筑的拆除、改造，包括局部的修缮和改样，都必须得到批准，同时，保护区内的树木、其他构筑物也全部被纳入审查内容之中。1979 年《文物古迹和考古地区保护法》通过，其对建筑保护的内容有了更加广泛和详细的规定。英国关于城市历史风貌保护的立法体现了完整性，体现了不同系统的法规之间普遍联系的特征，有助于推动实际的管理和依法实施综合保护。

在行政体系上，英国制定了确定古迹、登记建筑、划定保护区和设立建筑保护官制度。这使得英国在城市风貌保护中不仅拥有宏观层面的原则性纲领，而且还有更具针对性的详细的实施依据。在具体的实施过程中，英国突出了“保护结合利用”的思想。在英国，人们认为保护一座古建筑的最好办法就是恰当地利用它。因此，英国的环境部专设古建筑局，其主要职能就是帮助已登记的古建筑的业主为其不动产开发新的用途创造条件。他们认为，维护一座建筑的传统艺术风格和价值与为其增设现代化设施是并行不悖的。

伦敦金融城是有 200 余年历史的世界金融中心，总占地面积约 5 平方千米，是大伦敦市的三大行政区域之一（另外两个是内伦敦、外伦敦）。伦敦金融城保留着大量古典建筑（图 8–8），最出名的景点有圣保罗大教堂、皇家交易所、英格兰银行、大厦之屋（伦敦金融城市长官邸）、伦敦大火纪念碑、伦敦塔等，它们浓缩了千年的历史。在规划中，英国充分保留了各历史文物。

图 8–8　伦敦金融城内保留的威斯敏斯特大教堂

（3）韩国首尔景福宫

首尔是一座历史古城，其最显著的特色就是“古”与“今”以奇妙的方式融合共存。景福宫（图 8–9）、昌庆宫、德寿宫、昌德宫等 420 余座寺院和大量历史建筑保存完好。民俗村落经过整治建设，建筑严格按比例建造，上面标注原建筑的始建年代和当时主人的概况，仍有一部分居民在此居住、生活，这为后人了解传统房屋风貌和结构、研究或体验昔日庶民文化和生活习俗提供了完整的实物资料。通过良好的绿色纽带，它们与汉江两岸鳞次栉比的摩天大厦群相联系，人文历史保护与现代都市发展协调共存。即使在现代建筑的设计中，建筑师也注重吸取传统艺术元素，体现鲜明的民族个性，强调光与色彩的结合，追求素洁之美，使建筑具有东方伦理特点的民族特性。

图 8-9　首尔景福宫

1955 年，韩国成立了“国宝、古迹、名胜、千年纪念物保存会”，正式将日本殖民时期所划定的“宝物”更名为“国宝”。1962 年，韩国制定了《文化财保护法》，正式将韩国的文物古迹分为“国宝”和“宝物”两大级别。1997 年是韩国的“文化遗产年”，韩国政府提出的一个重要口号就是“知道、找到和保护”，引导国民认同和关心文化遗产的保护工作。

在韩国，古迹、文物、传统文化被统称为“文化财”，被视作国家发展的无价之宝和巨大财富。

附录1：中国古建筑屋顶主要样式

“屋顶”是建筑的“第五立面”，是构建城市轮廓线的重要组成部分，能充分展示地理环境特色、古城整体形态及历史文化特色。

1. 庑殿顶

庑殿顶（附图 1–1）是非常古老的屋顶样式，它早在商代的甲骨文、周代的青铜器上就有反映，以汉阙和唐代佛光寺大殿为早期实物。在封建等级制度中，它成为最高等级的屋顶式样，一般用于皇宫、庙宇中最主要的大殿，可用单檐，特别重要的用重檐，北京故宫的太和殿即是重檐庑殿顶建筑的典型实例。

单檐庑殿顶最顶部有一条正脊，四角为垂脊，共五脊，故这样的大殿又称五脊殿。重檐庑殿顶另有下檐围绕殿身的 4 条博脊和位于四角的角脊。

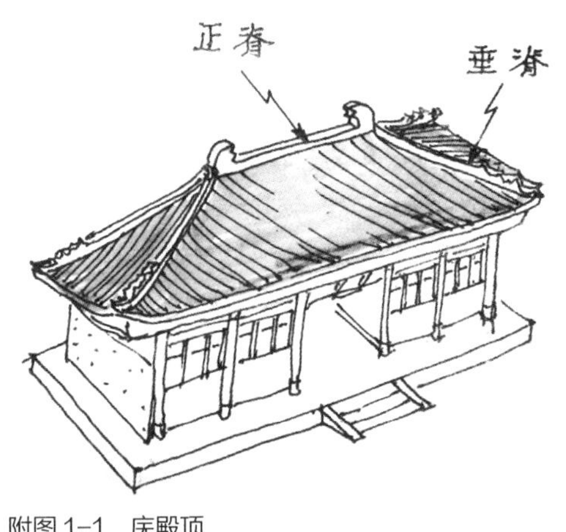

附图 1–1　庑殿顶

2. 歇山顶

歇山顶（附图 1–2）的等级仅次于庑殿顶。它由正脊、4 条垂脊、4 条戗脊组成，又称九脊顶。若加上山墙面的两条博，共有 11 条屋脊。

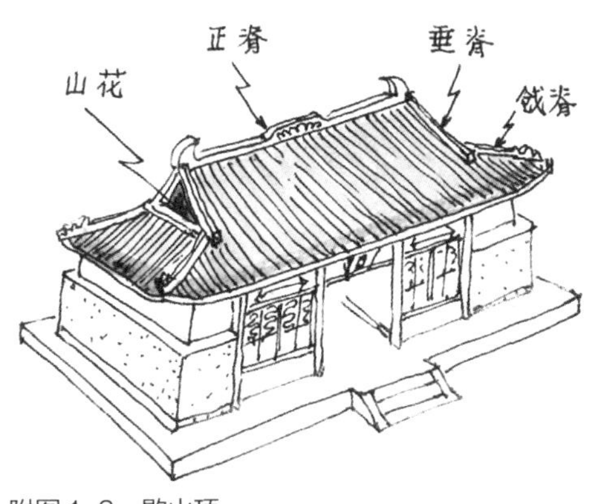

附图 1–2　歇山顶

它也有单檐和重檐两种形式。中国古建筑中不少屋顶样式都由其发展而来。

歇山顶早在汉代就已应用于建筑上，现存的最早实物为五台山上唐代的南禅寺大殿。

3. 悬山顶

悬山顶（附图 1-3）是人字顶的一种，也是我国一般木构架建筑中最常见的屋顶形式。其特征是屋檐悬伸在山墙以外。悬山顶在南方民居中较多见，防雨性能好。

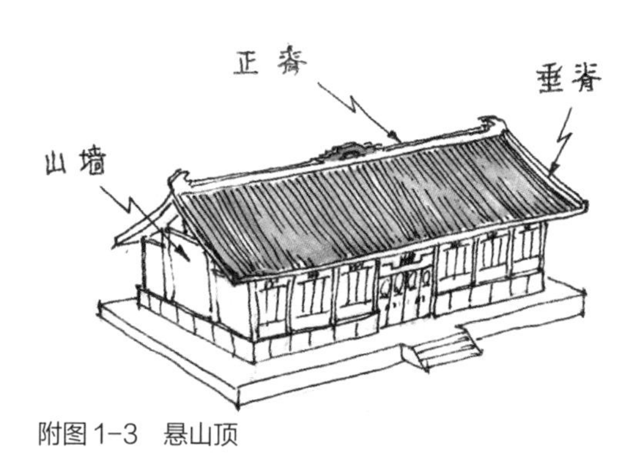

附图 1-3　悬山顶

悬山顶是中国最古老的一种屋顶样式。在新石器时代，先人们已采用此种屋顶，在汉代画像石及明器中仅见其用于民居建筑。宋代《清明上河图》中的城门门楼用庑殿顶，酒楼用歇山顶，这表明悬山顶是一种低等级的屋顶。

悬山顶一般有正脊和垂脊，有时其两侧钉有纹样变化多端、富有表现力的博风板，以保护檩条并使屋顶美观。

4. 卷棚顶

卷棚顶（附图 1-4）是一种无正脊的人字顶，两坡相交处呈圆弧形，

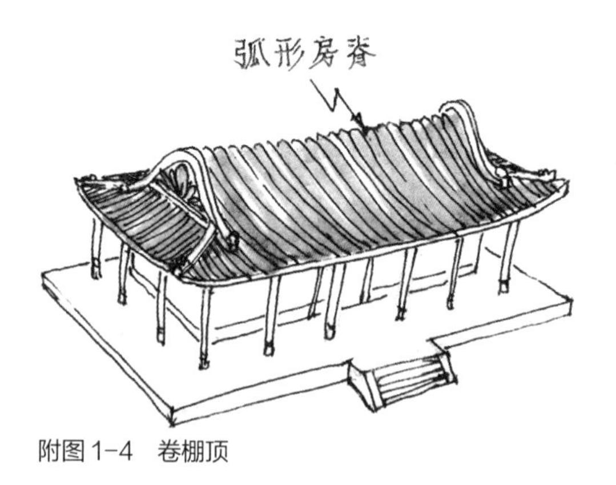

附图 1-4　卷棚顶

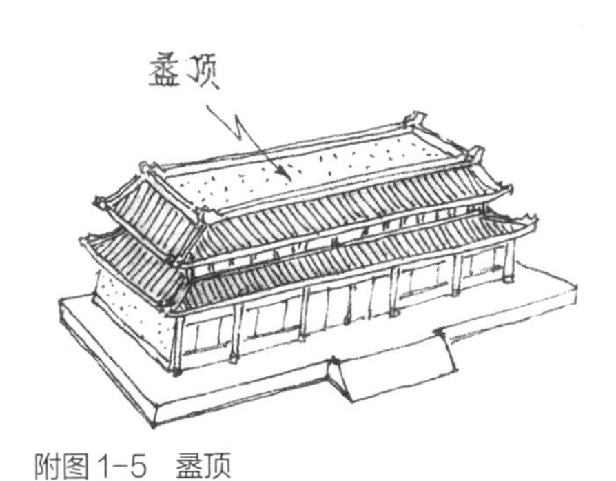

附图 1–5 盝顶

附图 1–6 盔顶

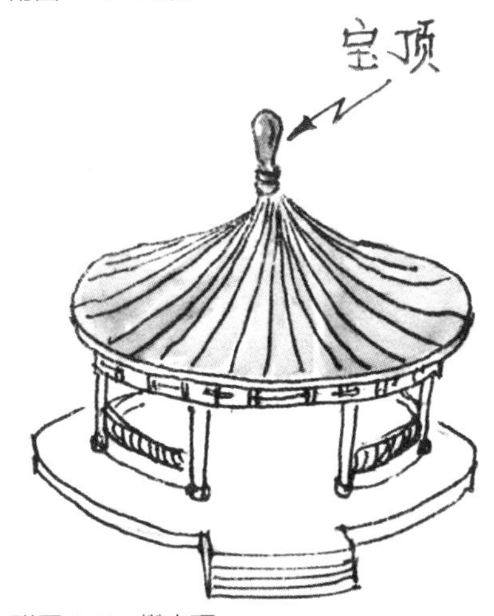

附图 1–7 攒尖顶

给人柔和的感觉，为中国古典园林中常用的屋顶样式。卷棚顶最早于南北朝时使用。卷棚顶有悬山卷棚顶和歇山卷棚顶两种形式。

5. 盝顶

盝顶（附图 1–5）在古代大型宫殿建筑中极为少见。它是一种较特别的屋顶，屋顶上部为平顶，下部为四面坡或多面坡，垂脊上端为横坡，横脊数目与坡数相同，横脊首尾相连，又称圈脊。

6. 盔顶

盔顶（附图 1–6）是一种类似蒙古帐篷形状的屋顶造型，自元代使用。盔顶无正脊，仅有四条垂脊，与欧洲文艺复兴时期的一些拱顶也有相似之处。

7. 攒尖顶

攒尖顶（附图 1–7）多用于面积不太大的建筑屋面，如亭、塔等。平面有方形、圆形、三角形、五角形、六角形、八角形、十二角形等。其特征是屋面较陡，无正脊，数条垂脊交合于顶部，上再覆以宝顶；一般以单檐的为多，二重檐的较少，三重檐的极少，但塔例外。我国用攒尖顶的历史远早于欧洲，最早见于北魏石窟的石塔雕刻，实物则有北魏的嵩山寺塔等。此外在宋画中我们也可看到不少亭阁用攒尖顶，屋顶陡峻。

附录 2：中国古建筑门上的配件

中国古建筑的门是建筑很重要的一个组成部分。它不仅是供人们出入的通道，还是建筑等级的象征之一。人们应该了解中国古建筑门上的一些必要配件，如门槛、铺首门环、门钉、门楣和门墩等，它们的设置与形制均有一些讲究。

1. 门槛

门槛（附图 2-1）一般是指门下的横木。凡古建筑大门入口处必有门槛。门槛与墙体门窗一样是古建筑必要的组成部分，然而它并不承重。门槛通常被安装在大门口，与门框取齐。有些门槛的高度还要与膝相齐。

附图 2-1　门槛

古代的门都是木制的，随着时间的推移，木门会渐渐腐朽，地面变得坑坑洼洼，门缝也会越来越大，门槛便应运而生。门槛不仅可以更好地起到密合的作用，也能在一定程度上保护木门不被刮坏。门槛一般被称为地栿，如果是木质的，则被称为木地栿；如果是石头的，则被称为石地栿。

地栿把屋里屋外的区域分开，还可挡风防尘，阻挡外部不利因素，实用价值颇高，并且被赋予了防止财气外泄的寓意。石地栿的造价十分便宜，一般用于平民百姓家。《礼记》中规定“大夫士出入君门，不践阈”，意思是臣子要进入君主的门户时，应该从门中央所竖的一根短木旁侧身而过，不要用脚踩在门槛（阈）上，这便是跨门的规矩。

2. 铺首、门环

铺首、门环（附图 2-2）的使用历史已有数千年，它们一直是集实用、装饰和门第等级为一体的古建筑构件，也是中国古建"门文化"的一部分。

附图 2-2 铺首、门环

门环，俗称响器，是安装在房屋大门上的拉手，供叩门之用。在中国古代，门环与铺首是门上的一对配件。

铺首与门环的造型能够明显地反映出宅主的身份和地位，因此其是中国门文化中最能体现礼制建筑等级的装饰符号之一。

在古代，不同官阶官员门扉上的铺首、门环需要遵循非常明确的等级规定。《明史》中提到："亲王府四城正门以丹漆金钉铜环；公王府大门绿油铜环；百官第中公侯门用金漆兽面锡环；一二品官门绿油兽面锡环；三至五品官门黑油锡环；六至九品官门黑油铁环。"民宅不能使用兽面衔环，只能使用底盘为圆形、方形、六边形、菊花形或梅花形，中央为圆形凸起的铺首，再配以金属门环。

铺首与门环是宅院的守护神，它们是历史的见证，承载着岁月的沧桑。它们无声地守护着大门，守护着房子，守护着家。轻叩门环，厚重的历史即在眼前展开。

3. 门钉

门钉是钉于大门扇外面的圆形凸起装饰品，是中国古建筑大门上的一种特有装饰（附图 2-3）。门钉的数量和排列在清朝以前未有规定，清朝对门钉数量的规定依照我国古代阴阳五行学说及封建恩封制度。

附图 2-3 门钉

1）皇宫——故宫大门门钉按照横九路、纵九路的方式排列，共 81 颗门钉（附图 2-4）。然而并不是所有的皇家建筑都用九排九路门钉，如故宫东华门的门钉排列是纵九横八（72 颗）。九是阳数之极，它象征着帝王最高的地位。

附图 2-4　故宫大门上的门钉

2）王府——门钉按照七纵九横的方式排列，一共是 63 颗门钉。

3）公侯——门钉按照七纵七横的方式排列，一共是 49 颗门钉。

4）侯以下官员——门钉按照纵七横五的方式排列，一共是 35 颗门钉；或纵五横五，仅 25 颗门钉。

5）百姓——门上不能使用门钉，所以老百姓被称作“白丁”。

古建筑厚实的实拼木板门上钉着一排排硕大的金色门钉，既使门显得更加坚固，又会给人以别样的美感，蕴藏着中国特有的文化内涵。

4. 门楣

门楣（附图 2-5）就是固定在门框上部的横梁，一般都用粗重实木制成。按照我国古代的建制，只有朝廷官吏所居府邸才能有门楣，以显示主人的身份地位。平民百姓家是不准有门楣的。

附图 2-5　故宫养心殿门楣

5. 门墩

门墩（附图 2–6）又称门座、门台、门枕石，起到支撑门框和门轴的作用。门墩多为石制的，也有木制的。它是古建筑中门的组成部分之一，也是一种精美的艺术品。

在古代，方形的门墩多为文官使用，圆形的门墩多为武官使用。门墩的表面刻有很多精美的图案，如人物、动物、草木、工具、几何图案等（附图 2–7），表达了房屋主人期望富贵、长寿、家族兴旺的美好心愿。如“狮”和“世”谐音，九只狮子图案寓意“九世同居”，表示同堂和睦、合家团聚。

附图 2–6　普通的石制门墩

附图 2–7　不同寓意的门墩图案

附录3：中国古建筑屋顶上的脊和脊饰

中国古建筑屋顶的形式、屋脊做法和装饰物“脊饰”，以及采用的屋面材料等都能反映出建筑的等级、主人的身份地位、建筑的使用性质等，因此，古代建筑屋顶形式都有严格的规定。

无论是哪一种屋顶样式，屋面之间结合处都需要覆盖和装饰，正脊、垂脊、戗脊、岔脊等名目繁多的构件便出现了（附图3–1）。脊饰是不可或缺的构件“小品”。在解决功能的同时，古人匠师也注意到了脊饰的艺术品位。汉代建筑以雄浑粗犷而著称，脊饰以平脊为主，并出现了翘角，形象常为动物，正脊常采用四凤鸟、火焰珠等形象，在正脊的两端出现了鸱尾，垂脊上出现了起翘。这些装饰都寓意着逢凶化吉、灾灭消祸等。

1. 屋顶“脊”的种类

1）正脊。它是前后两坡屋面的相交线，位于屋顶的最高处，并且往往沿檩桁方向展开。

2）垂脊（包含排山脊）。它是与正脊或宝顶相交的脊的统称。

3）戗脊。它是在歇山顶建筑中，前后坡与两山坡面交界线处的脊，该脊均沿着四角的 45° 方向与垂脊倾斜相交。

4）角脊。它是在重檐建筑屋顶中的下檐屋面转折处沿角梁方向形成的脊。

5）博脊。它是一种水平脊，当坡屋面与竖向墙面交接时，位于接缝处；在歇山顶的建筑中，两山坡面与山花板相交处，沿接缝方向的水平脊就是博脊。

6）围脊。它是一种水平脊，位于重檐顶建筑下层屋面与木构架（如围脊板、承椽枋等）相交处。它能够头尾相接，俗称“缠腰脊”。

7）盝顶围脊。它特指盝顶上部平台屋面四边形的水平脊，因其围合相交故称围脊，也因其位于屋顶最高位置处，故又被称为正脊。

8）排山脊。它是在歇山、悬山、硬山建筑屋面两侧沿山墙而设的垂脊。

9）披水梢垄。它是悬山、硬山建筑屋面两侧一种简易的处理方式，不做垂脊而只做梢垄，不用排山勾滴而只用披水砖檐。

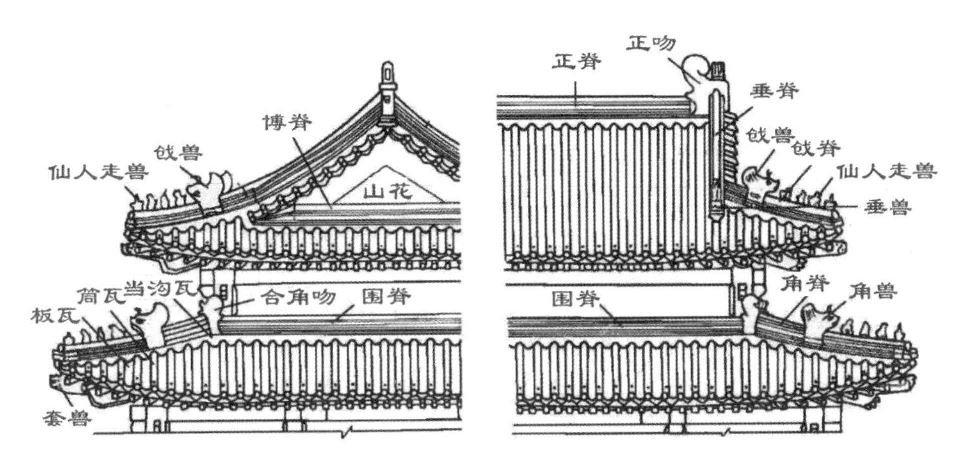

附图 3-1　重檐歇山屋顶各类构件名称

2. 屋顶脊饰的种类

（1）鸱尾

它位于正脊两侧、围脊转角部位，由数块铁鞠（锯）拼接而成（附图 3-2），一般尺寸有 2.5 尺、3.0 尺、3.5 尺、4.0 尺、4.5 尺……直至 1 丈（3 尺 =1 米，3 米 =1 丈）。

（2）正脊火珠、斗尖火珠与滴当火珠

1）正脊火珠用于寺观等殿阁正脊中，直径一般有 1.5 尺、2 尺、2.5 尺 3 种。火珠都为两焰，在其夹脊的两面做盘龙或兽面。

2）斗尖火珠用于四角亭子顶部。火珠做两焰、四焰或八焰，下部使用圆形的基座，直径一般有 1.5 尺、2.0 尺、2.5 尺、3.5 尺等几种。

3）滴当火珠位于华头筒瓦滴当钉之上（相当于清代的瓦钉钉帽），一般高 3 寸（1 寸 ≈ 3.33 厘米）至 8 寸不等。

（3）嫔伽、蹲兽、套兽

1）嫔伽。其为女身鸟状仙女（人头鸟身的神鸟），蹲兽有九品，分别为行龙、飞凤、

行狮、天马、海马、飞鱼、押鱼、狻猊、獬豸。嫔伽一般高 0.6 尺到 1.6 尺不等，

2）蹲兽。其一般高 0.4 尺到 1 尺不等。宋代蹲兽数量为双数，最多使用 8 枚。

3）套兽。套兽用于殿、阁、厅堂、亭榭转角子角梁端，直径一般从 4 寸到 1.2 尺不等。

（4）兽头。兽头分为正脊兽头和垂脊兽头，一般有 1.4 尺、1.6 尺、1.8 尺、2 尺、2.5 尺、3.0 尺、3.5 尺、4.0 尺等几种尺寸（附图 3-3 ）。

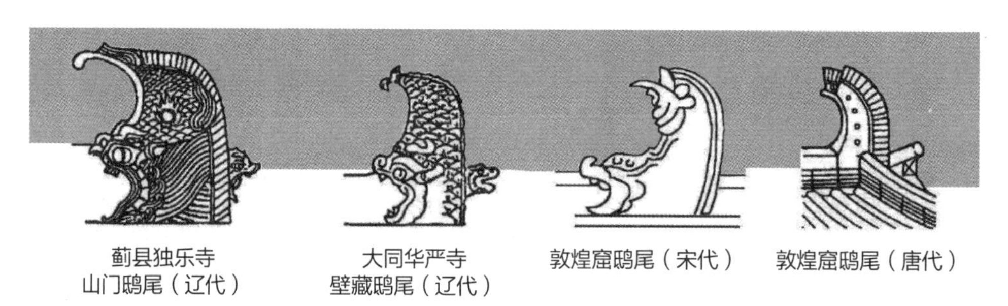

附图 3-2　古代鸱尾图式

附图 3-3　清代博脊构件式样

在皇宫重要大殿的屋脊上都是一位仙人带领 9 个小兽的 “仙人走兽”组合。而紫禁城的“三大殿”中，由于太和殿是皇帝举行重大典礼的场所，所以要比保和殿、乾清宫规格更高，走兽也就更多，因此，太和殿脊饰走兽必须多一个“行什”（附图 3-4）。

屋顶的脊饰是中华民族建筑文化的瑰宝，它已经广泛地成为中国现代建筑物的设计要素之一，传统建筑物的文化内涵得以传承（附图 3-5）。

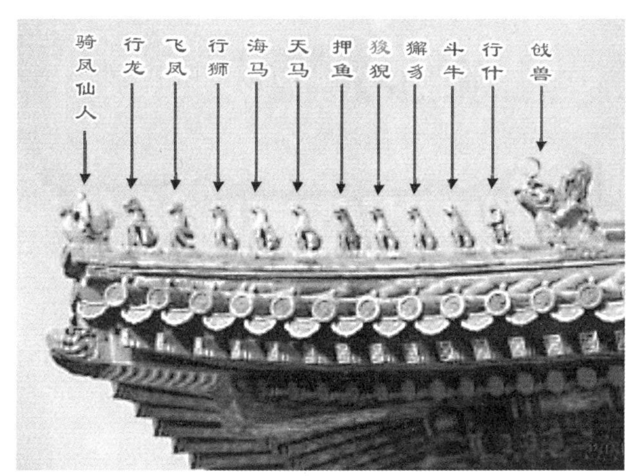

附图 3-4 太和殿脊饰分布图

中国科学院主楼

民族文化宫主楼

中医研究院医院主楼

附图 3-5 现代仿古建筑物的脊兽

附录 4：国外几个首都城市主轴线实例

城市轴线是一座城市的灵魂所在。世界上被列为经典的“三大城市轴线”是北京的城市中轴线、华盛顿的宾夕法尼亚大街和巴黎的香榭丽舍大街，它们向人们展示了最为经典的城市设计范例。

1. 华盛顿的宾夕法尼亚大街（Pennsylvania Avenue）

1791 年，法国建筑师、土木工程师皮埃尔·朗方（Pierre Charles L'Enfant）受华盛顿的委托，规划设计了美国首都华盛顿 3.22 千米长的主中轴线，其纵贯全城行政中心。国会山、华盛顿纪念碑、林肯纪念堂组成轴线上的景观聚焦点，并以水景贯穿融合，轴线整体气势磅礴、举世无双。美籍华裔建筑大师贝聿铭在临近国会大厦的一块三角地上，设计了美国国家美术馆东馆，它成为与中轴线珠联璧合的成功之作（附图 4-1 、附图 4-2 ）。

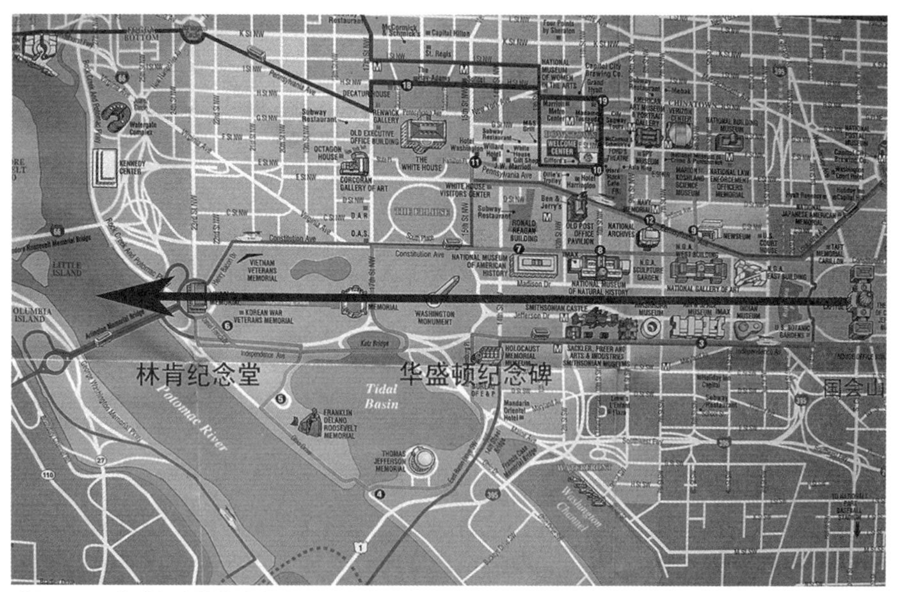

附图 4-1　华盛顿主轴线宾夕法尼亚大街平面示意图

附图 4-2　华盛顿主中轴线宾夕法尼亚大街

2. 法国香榭丽舍大街（Avenue des Champs-Elysées）

香榭丽舍大街又名爱丽舍田园大街，是法国巴黎的城市中轴线，全长约 1 800 米，宽 100 米。它是一条集高雅及繁华、浪漫与流行于一身的世界上最具光彩与盛名的道路（附图 4-3）。“香榭丽舍”取自希腊神话“神话中的仙景”之意，法国人视之为“世界上最美丽的街道”。从卢浮宫远望香榭丽舍大街，可以通过协和广场和凯旋门一直望到巴黎郊外的现代建筑拉德芳斯区新凯旋门。街道两边的 19 世纪建筑、仿古式街灯、充满新艺术感的书报亭都为这条大街平添了一种巴黎特有的浪漫气息。

巴黎的新区拉德芳斯位于轴线向西的延长线对景上，从 1958 年开始建设，它把新城与老城融为了一个十分紧密的整体（附图 4-4）。

附图 4-3　巴黎香榭丽舍大街

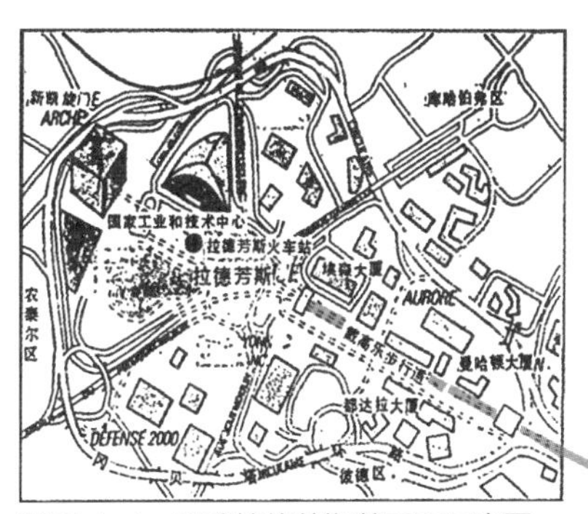

附图 4-4　巴黎拉德芳斯总平面示意图

3.“永恒之城”梵蒂冈圣彼得广场（Piazza San Pietro）中轴线

圣彼得广场位于梵蒂冈东端，由世界著名建筑艺术大师贝尼尼（Bernini）精心设计（附图 4–5）。整个工程建设历时 11 年，于 1667 年建成。广场正面是雄伟的圣彼得大教堂，周围环绕 4 列共 284 根巨型多立克式圆柱，形成气势恢宏的石柱长廊，广场中央竖立着古老的埃及无字方尖碑。整个广场可容纳 50 万人，是罗马教廷举行盛大宗教活动的地方。天主教教徒和普通游客每个星期天都聚集在这里接受教皇的祝福。广场将整条中轴线烘托得雄伟壮观。

附图 4–5　梵蒂冈圣彼得广场中轴线

4. 澳大利亚首都堪培拉主轴线

堪培拉的主轴线中段虽由格里芬湖阻断，但视线通达，仍为旅游观光的热点段。地处焦点的国会大厦是一座奶黄色的 3 层建筑，占地 32 公顷。山顶是大厦的屋顶，上面矗立着五足鼎立的铁塔式旗杆，高 81 米、重 220 吨的旗杆上飘扬着一面长 12.8 米、宽 6.4 米的澳大利亚国旗，整个屋顶上铺着绿茵茵的草坪，铺满芳草的斜坡与其相接，一直通向国会门前的大道（附图 4–6）。

附图 4–6　澳大利亚首都堪培拉的城市主轴线

5. 巴西首都巴西利亚城市主轴线

巴西于 1958 年开始建造新首都——巴西利亚。巴西利亚规划布局的基础是两条正交的轴线，由此形成了“十”字形的结构，设计者为科斯塔（L.Costa）与尼迈耶（O.Niemeyer）。东西向的主轴线长 6 千米，东段布置巴西中央政府各部的办公大楼，它们在大道两侧严整地排列。主轴线东端是三权广场，平面基本呈三角形，议会大厦、最高法院和总统府鼎足而立。

巴西利亚另一条纵轴线贯通两侧居住区，呈弓形。两轴线相交处为商业、文化娱乐中心。铁路和高速公路从城市西侧经过，机场在城南，交通十分方便。巴西利亚的规划、布局合理，接近自然，也便于居民生活，造就了宜居的城市环境（附图 4–7）。

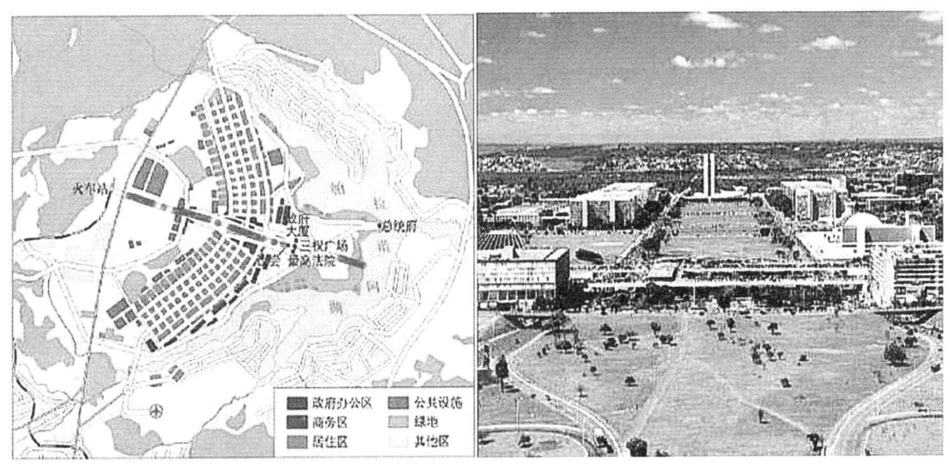

附图 4–7　巴西利亚城市主轴线

附录5：宫城（紫禁城）导览

要想了解中国传统文化，认识紫禁城的博大精深，就要到宫城里走一走、看一看，这有助于提升我们的人文历史素养。

故宫需由南到北参观，午门为唯一入口，出口为神武门和东华门。故宫最佳游览路线如下。

（1）一日游

一日游规划路线包括故宫博物院内所有开放区域的重要宫殿和展馆，但游客也必须在参观时注意掌握好时间，选择自己感兴趣的展览陈列内容。若处处盘桓流连，即使是一整天的时间恐怕也难以尽览胜景。路线见附图 5-1。

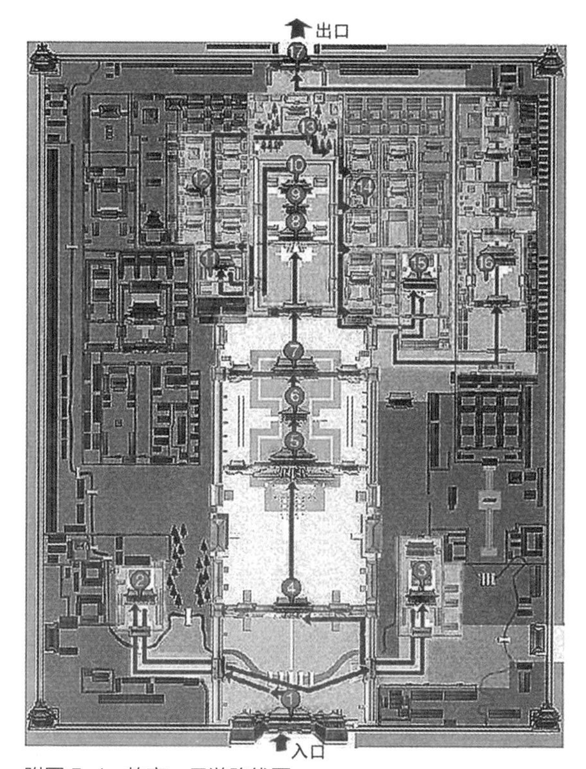

附图 5-1　故宫一日游路线图

午门→武英殿（书画馆）→文华殿（陶瓷馆）→太和门→太和殿→中和殿→保和殿→乾清宫→交泰殿→坤宁宫→养心殿→西六宫区→御花园→东六宫区→奉先殿（钟表馆）→宁寿宫区（珍宝馆、戏曲馆）→神武门。

（2）半日游路线

半日游的游览景点除了中轴线上的三大殿、后三宫之外，还包括东、西六宫的院落，或者奉先殿钟表馆或宁寿宫区的珍宝馆。

路线 1：午门→文华殿（陶瓷馆）→太和门→太和殿→中和殿→保和殿→奉先殿（钟表馆）→乾清宫→交泰殿→坤宁宫→养心殿→西六宫区→御花园→神武门（附图 5–2）。

路线 2：午门→武英殿（书画馆）→太和门→太和殿→中和殿→保和殿→乾清宫→交泰殿→坤宁宫→东六宫→斋宫→宁寿宫区前朝（珍宝、石鼓二馆）→ 宁寿宫区后寝（珍宝、戏曲二馆和珍妃井）→神武门（附图 5–3）。

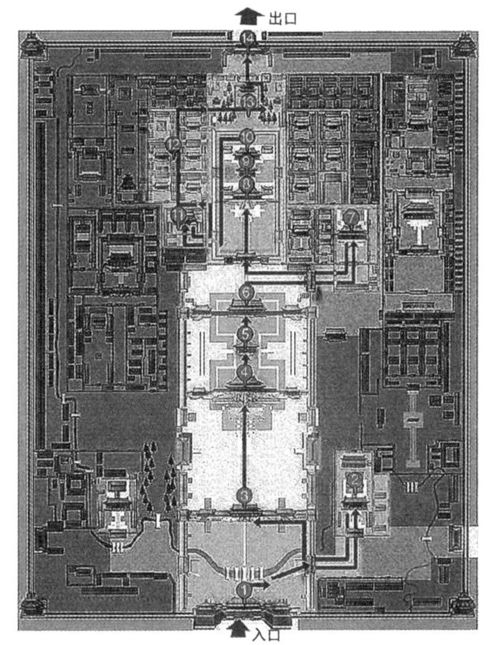

附图 5–2　故宫半日游路线 1

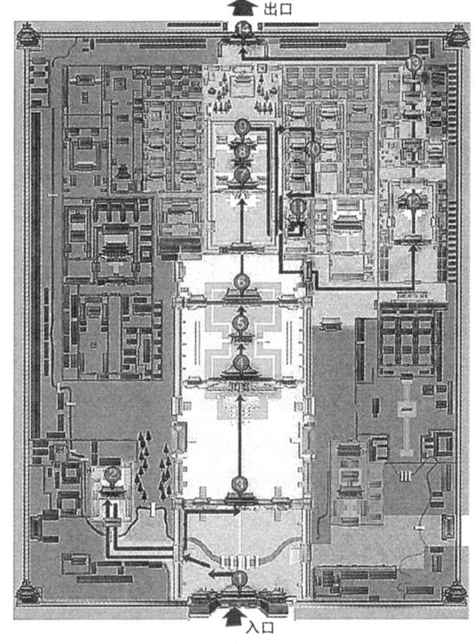

附图 5–3　故宫半日游路线 2

（3）2 小时路线

2小时的参观时间对于进入故宫的游客来说只够沿中轴线走马观花地鱼贯而过，至多只能顺便看看中路的个别专题展览。

路线 1：午门→太和门→弘义阁（皇朝礼乐展）→太和殿→中和殿→保和殿→乾清门→乾清宫→交泰殿→坤宁宫→御花园→神武门（附图 5-4）。

路线 2：午门→太和门→太和殿→保和殿→保和殿西庑（天府承藏展）/ 保和殿东庑（宫阙述往展）→中和殿→保和殿→乾清门→乾清宫→交泰殿→坤宁宫→御花园→神武门（附图 5-5）。

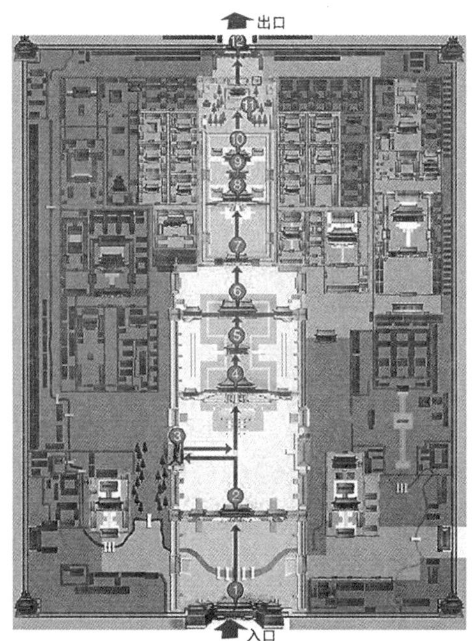

附图 5-4　故宫 2 小时游路线 1

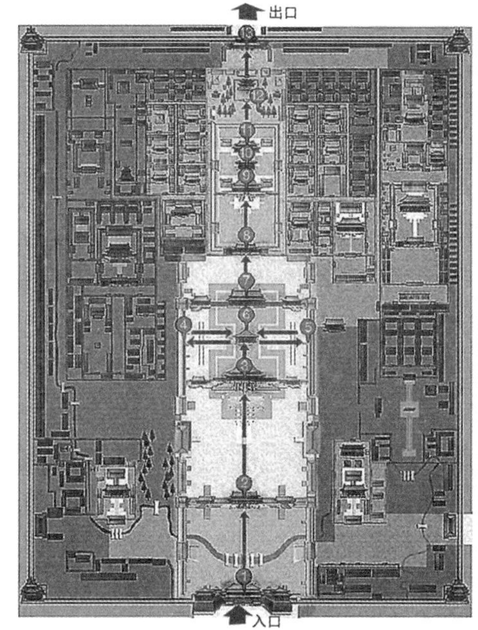

附图 5-5　故宫 2 小时游路线 2

参考文献

[1] 侯仁之 . 历史地理学的理论与实践 [M]. 上海：上海人民出版社，1979.

[2] 王军 . 城记 [M]. 上海：生活・读书・新知三联书店，2003.

[3] 傅公钺，等 . 旧京大观 [M]. 北京：人民中国出版社，1992.

[4] Osvald Sirén(喜仁龙). 北京的城墙与城门 [M]. 邓可，译 . 北京：北京联合出版公司，2017.

[5] 宋卫忠 . 北京古代建筑 [M]. 北京：北京出版社，2018.

[6] 中国社会科学院考古研究所 . 明清北京城图 [M]. 上海：上海古籍出版社，2012.

[7] 沈玉麟 . 外国城市建设史 [M]. 北京：中国建筑工业出版社，1989.

[8] 张钦楠 . 阅读城市 [M]. 上海：生活・读书・新知三联书店，2004.

[9] 方可 . 当代北京旧城更新 [M]. 北京：中国建筑工业出版社，2003.

[10] 侯幼彬，李婉贞 . 中国古代建筑历史图说 [M]. 北京：中国建筑工业出版社，2002.

[11] 朱祖希 . 营国匠意 [M]. 北京：中华书局，2007.

[12] 杨振华 . 城市详细规划 [M]. 北京：机械工业出版社，2018.

[13] 傅华 . 北京西城文化史 [M]. 北京：北京燕山出版社，2007.

[14] 汤用彬，秦德纯 . 旧都文物略 [M]. 北京：中国建筑工业出版社，2005.

[15] 王冰冰 . 变迁：北京城的远去与再生 [M]. 北京：机械工业出版社，2018.